Q 矢量原理及其在天气分析和预报中的应用

Q Vector Principle and its Application in the Weather Analysis and Forecast

姚秀萍　岳彩军　寿绍文　著

U0347958

气象出版社
China Meteorological Press

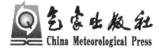

内容简介

本书对 Q 矢量概念和原理进行了系统介绍，对其在天气分析和预报中的应用进行了归类和总结。全书共分13章，依次介绍了：Q 矢量的产生及其基本概念；准地转 Q 矢量；半地转 Q 矢量；广义 Q 矢量；非地转干 Q 矢量；非地转湿 Q 矢量；非均匀饱和大气中的湿 Q 矢量；C 矢量；Q 矢量分解；Q 矢量在华北暴雨研究中的应用；Q 矢量在梅雨锋暴雨研究中的应用；Q 矢量在登陆台风降水研究中的应用；Q 矢量在定量降水预报(QPF)中的应用。最后给出对 Q 矢量原理在天气分析和预报中的应用的展望。

本书可作为高等院校和科研院所以及业务单位和培训机构大气科学和相关专业教学、科研和业务人员的参考用书。

图书在版编目(CIP)数据

Q矢量原理及其在天气分析和预报中的应用／姚秀萍，岳彩军，寿绍文著．—北京：气象出版社，2012.6

ISBN 978-7-5029-5497-0

Ⅰ．①Q…　Ⅱ．①姚…②岳…③寿…　Ⅲ．①矢量-理论-应用-天气分析②矢量-理论-应用-天气预报　Ⅳ．①P45-39

中国版本图书馆CIP数据核字(2012)第106282号

Q Shiliang Yuanli jiqi zai Tianqi Fenxi he Yubao zhong de Yingyong

Q 矢量原理及其在天气分析和预报中的应用

姚秀萍　等　著

出版发行：气象出版社

地　　址：北京市海淀区中关村南大街46号　　**邮政编码**：100081

总 编 室：010-68407112　　**发 行 部**：010-68409198

网　　址：http://www.cmp.cma.gov.cn　　**E-mail**：qxcbs@cma.gov.cn

责任编辑：李太宇　　**终　　审**：章澄昌

封面设计：博雅思企划　　**责任技编**：吴庭芳

印　　刷：北京中新伟业印刷有限公司

开　　本：787 mm×1092 mm　1/16　　**印　　张**：7

字　　数：180千字

版　　次：2012年6月第1版　　**印　　次**：2012年6月第1次印刷

定　　价：25.00元

序

随着大气科学和相关领域科技的发展，天气分析和预报从手工制作向自动化发展，从主观定性预报向客观定量预报转化。在天气分析和预报中，灾害性天气与社会人民安全联系最为密切，最受关注。通常，产生和诱发灾害性天气的大气本质为垂直运动，即垂直上升运动是大气过程发展的产物，是导致云降水等天气现象的重要动力条件，所以，对灾害性天气的预报实际上是对垂直运动的定性和定量的判断和分析。

垂直速度是一个非常重要的物理量，大气中发生的凝结和降水过程，热量和动量的垂直输送，以及大气中位能与动能之间的相互转换等，都与垂直运动有着密切的关系。它常被作为天气系统生成和发展的一个重要指标。到目前为止，还不能广泛地进行垂直速度的直接观测，只能间接计算。掌握垂直速度的计算诊断方法，对于天气预报，特别是对暴雨预报有着重要的意义。计算垂直速度的方法中，最常见的有积分连续方程法和 ω 方程法，在 ω 方程法中又包括准地转 ω 方程法和平衡模式 ω 方程法。但是在 ω 方程中，如果方程右边两项的符号相反时，就可能存在部分相互抵消效应，很难判断垂直运动的方向。所幸是，Hoskins 等于 1978 年提出 $\boldsymbol{Q}$ 矢量，推导出以 $\boldsymbol{Q}$ 矢量散度为唯一强迫项的准地转 ω 方程，这一“$\boldsymbol{Q}$ 矢量分析方法”避免了以上不足，成为计算垂直速度最好的一种工具，也因此在科学文献和实际业务应用中，把“$\boldsymbol{Q}$ 矢量分析方法”誉为估算垂直运动的先进方法。

本书著者长期从事 $\boldsymbol{Q}$ 矢量相关原理和技术方法的研究和教学，并且把研究成果应用于实际业务中去，在天气动力学诊断分析领域有较深的探讨，研究成果显著。本书既是一部研究性的专著，也是著者教学和研究实践的总结，同时书中的实际应用例子又是对 $\boldsymbol{Q}$ 矢量相关原理和方法的诠释。因此，该书的内容体现了学术上的一定创新，也对实际天气分析和预报有指导作用。这不仅使得读者能够掌握基本原理，而且对应用理论解决实际问题也有很好的认识。同时，本书的写作上思路清晰，体系完整，深入浅出，循序渐进，这十分有利于读者全面、系统地理解和掌握该领域的基本理论、最新进展和实际应用。

总之，该书能够满足科研和业务人员对新技术新方法的渴望，创新性显著，重点突出，内容系统，是一部难得的学术性和应用性均较强的著作。我相信，该书的出版将会受到更多读者的欢迎，从而推动我国 **Q** 矢量分析在天气预报研究和实践中的进一步发展。

*

2011 年 8 月

---

* 吴国雄，中国科学院院士。

前　言

垂直运动是生成云和产生降水的重要动力条件。大气中发生的凝结和降水过程，热量和动量的垂直输送以及大气中位能和动能之间的相互转换等，都与垂直运动有密切关系，因此垂直运动常被作为天气系统生成和发展的一个重要指标，是对天气预报和暴雨研究十分重要的一个物理量。但垂直运动至今无法测量，掌握它的诊断方法，对天气预报，特别是暴雨预报具有重要意义。在科学文献中，$\boldsymbol{Q}$ 矢量分析方法被誉为估算垂直运动的先进方法。本书将全面、系统地介绍 $\boldsymbol{Q}$ 矢量原理及其应用研究。

全书共 13 章。第 1 章介绍 $\boldsymbol{Q}$ 矢量产生的背景和概念。第 2 章首先介绍了准地转 ω 方程，接着引出准地转 $\boldsymbol{Q}$ 矢量及以准地转 $\boldsymbol{Q}$ 矢量散度为唯一强迫项的 ω 方程，并给出了准地转 $\boldsymbol{Q}$ 矢量的几种表达方式，同时，还介绍了 $\boldsymbol{Q}$ 矢量的基本判别方法、规则以及在一些典型天气中的诊断特点。第 3 章具体介绍了半地转 $\boldsymbol{Q}$ 矢量的推导过程，及以其散度为强迫项的半地转 ω 方程。第 4 章从原始方程出发，介绍了广义 $\boldsymbol{Q}$ 矢量。第 5 章介绍基于原始方程的非地转干 $\boldsymbol{Q}$ 矢量。第 6 章引入非绝热效应，具体介绍了非地转湿 $\boldsymbol{Q}$ 矢量（完全 $\boldsymbol{Q}$ 矢量）的推导过程、相应原理，以及可用于定量降水预报的湿 $\boldsymbol{Q}$ 矢量释用技术。第 7 章针对实际大气的非均匀饱和特性，介绍了非均匀饱和大气中的湿 $\boldsymbol{Q}$ 矢量。第 8 章介绍了三维 $\boldsymbol{Q}$ 矢量即 C 矢量、广义 C 矢量。第 9 章介绍了 $\boldsymbol{Q}$ 矢量分解工作，详细给出了沿等位温线自然坐标系进行的分解（PT 分解）和沿等高线自然坐标系进行的分解（PG 分解）的推导过程。第 10 章至第 13 章回顾了 $\boldsymbol{Q}$ 矢量原理研究的实际应用成果，具体介绍了 $\boldsymbol{Q}$ 矢量分析方法在华北暴雨、梅雨锋暴雨、台风等多种灾害性天气诊断分析以及定量降水预报中的具体应用。

本书的特色在于理论联系实际，不仅对 $\boldsymbol{Q}$ 矢量原理即各种 $\boldsymbol{Q}$ 矢量分析方法进行详尽介绍，同时，对于 **Q** 矢量分析方法在常见的灾害性天气诊断分析与预报中的应用也有具体介绍，便于科研和业务工作人员参考。

本书写作的目的主要是对 **Q** 矢量原理及其提出以来的相关应用工作，进行全面、系统的归纳、整理，以便于读者对 **Q** 矢量研究工作有一个全面了解和具体认识，进而为拓展相关人员的研究思路起到抛砖引玉的作用，希望与读者在学术思路方面相互交流、启发，共同进步，促进 **Q** 矢量理论及应用的进一步深入发展。本书的大部分内容在中国气象局气象干部培训学院对天气预报骨干业务人员进行过多次讲授。

本书是在国家自然科学基金面上项目(项目编号:40875025、40875030)的资助下完成的。

衷心感谢高守亭研究员和吴宝俊研究员对本书出版一直给予的关心、鼓励和帮助，也感谢大力支持和关心本书出版的各有关部门和专家。由于水平有限，书中难免存在不足之处，敬请读者提供宝贵意见。

著者

2011 年 8 月

目 录

1 Q 矢量的产生及其概念

准地转(QG)理论是近代动力气象学的基础，它可以描述中纬度地区大气的许多基本结构，因此它是中纬度天气学的基础，是中纬度地区天气预报的主要理论依据。常规方法的天气预报就是这一理论的实际应用。20 世纪 40 年代后期，准地转方法就被用来诊断中纬度斜压扰动所产生的垂直运动，50 年代以后，得到一般形式的 ω 方程即 p 坐标的垂直速度方程。到了 20 世纪 70 年代，QG 原理在业务上已成为从模式产品估算垂直运动的基础。从此开始了 ω 方程对天气系统垂直运动的诊断。利用 ω 方程诊断垂直运动的优点在于：它是个诊断方程，只需要一个时次的资料，而且方程的物理意义明确。但是，它的不足之处在于：ω 方程的右边包含垂直导数项，这就使得在定量计算时，至少需要两层的资料，也为定性诊断带来不便。此外，在 ω 方程中右边包括绝对涡度平流的微差和温度平流的拉普拉斯强迫，当这两项的符号相反时，就很难定性地判断垂直运动的方向，并且这两项之间还存在部分相互抵消效应，如果分别计算这两项强迫的垂直运动会得出不正确的结果。所以，传统的 ω 方程在定量计算 ω 及定性应用上有一定的困难。Trenberth(1978)指出这种抵消现象在对流层中层最为明显。为了克服这个缺点，他用类似 Sutcliffe(1947)的方法将 ω 方程强迫项表示成热成风涡度平流。

Sutcliffe(1947)在他的气旋发展方程中引用了准地转近似，不仅可以用热力涡度平流作为一种计算速度的垂直廓线和地面气压变化的方法，而且可以用热成风作为气旋移动的“引导”机制。他将对流层上下层的“相当散度”作为环流系统发展的指标，这一发展指标可以表示为热成风对地面地转涡度平流和热成风涡度平流之和。在 Sutcliffe(1947)发展理论中，强迫形式简单，在描述中纬度大尺度天气系统移动和发展时，效果较好。但是，由于其简化较多，失去了描述中尺度的信息。实例分析表明，在描述垂直于锋区及急流入口区、出口区的非地转环流时，出现混乱现象。Trenberth (1978)采用类似 Sutcliffe(1947)的方法将 ω 方程强迫项表示为热成风涡度平流，提出在某厚度层的中部由整层热成风形成的涡度平流可以近似表示 ω 方程中 QG 的强迫。它不仅克服了在对流层中层存在最明显抵消现象这一缺点，而且在没有进行实际计算的情况下，采用此近似，通过检验热成风涡度平流，能得到对垂直运动场的较好定性评估。但是同 Sutcliffe(1947)一样，在该形式的强迫项中忽略了地转变形项的作用，因此这种形式的 ω 方程仅仅适用于斜压比较小的对流层中层。

为了克服以上的不足，Hoskins 等(1978)用另一种方法推导出了准地转 ω 方程，保留了准地转方程组能描述所有过程的作用，不仅避免了传统 ω 方程的缺点，而且有物理意义清楚、计算简单的特点，同时还避免了 Sutcliffe(1947)和 Trenberth(1978)方法的不足。准地转 ω 方程包括形变项，适用于整个对流层(或者说斜压性较大的情况)。该方程把准地转强迫项表示成一个矢量的散度，这个矢量称为 **Q** 矢量。用 **Q** 矢量散度表示 ω 的大小及分布，能避免直接求解 ω 方程的大量计算，只需一层等压面资料即可计算，这在定量上比传统的 ω 方程简便，同时，也能表示出产生 ω 的强迫机制的强弱。而且，由于在对流层低层 **Q** 矢量与非地转速度成正比，所以，**Q** 矢量亦可表示低层的速度场。由于 **Q** 矢量决定了流场和温度场热成风的个别变化，所以 **Q** 矢量散度也就决定了水平温度的个别变化，因而还可以预报锋生和锋消。相对于 Sutcliffe(1947)理论和 Trenberth(1978)近似而言，**Q** 矢量能在描述中小尺度系统时提供更多的信息，对锋生形势的诊断更为精确。如果从数值近似的角度来看，使用 Hoskins 等(1978)提出的 **Q** 矢量方案将是最佳选择，因为 **Q** 矢量散度可以精确表示 ω 方程的强迫项。Hoskins 等(1978)的这一发展被称为“**Q** 矢量分析方法”。**Q** 矢量分析方法如果以网格点的形式，则很容易应用于天气预报中，**Q** 矢量及 **Q** 矢量散度可以在各个层次上计算。1987 年，Durran 等(1987)认为 **Q** 矢量是当时用来计算垂直速度最好的一种工具。

自 1978 年 Hoskins 等(1978)提出 **Q** 矢量概念以来，其不仅在科研和业务工作中得到广泛应用，同时，在理论上也得到持续发展。

有关应用及研究工作，岳彩军(1999)、岳彩军等(1999，2005，2008a，2010a)曾做过总结和综述。本书后面章节将对 **Q** 矢量分析方法及其应用研究工作进行了全面、系统、详细的介绍。

2　准地转 Q 矢量

在介绍准地转 Q 矢量之前，非常有必要回顾一下传统的准地转 ω 方程，以便于读者进一步全面理解 Q 矢量产生的背景，进而具体认识和了解 Q 矢量分析方法的优越性。

2.1　传统的准地转 ω 方程

准静力、准地转、绝热无摩擦、f 平面的 p 坐标系运动方程组为：

$$\frac{\mathrm{d}_g}{\mathrm{d}t}u_g - fv_a = 0 \tag{2.1}$$

$$\frac{\mathrm{d}_g}{\mathrm{d}t}v_g + fu_a = 0 \tag{2.2}$$

$$\frac{\mathrm{d}_g}{\mathrm{d}t}\left(-\frac{\partial \Phi}{\partial p}\right) - \sigma\omega = 0 \tag{2.3}$$

$$\frac{\partial u}{\partial x} + \frac{\partial v}{\partial y} + \frac{\partial \omega}{\partial p} = 0 \tag{2.4}$$

$$\frac{\partial \Phi}{\partial p} = -\alpha \tag{2.5}$$

式中比容 $\alpha = \dfrac{1}{\rho}$，Φ 为重力位势，$\sigma = -\dfrac{\alpha}{\theta}\dfrac{\partial \theta}{\partial p}$ 为静力稳定度参数，θ 为位温，u_g、v_g 为地转风分量，且 $u_g = -\dfrac{1}{f}\dfrac{\partial \Phi}{\partial y}$，$v_g = \dfrac{1}{f}\dfrac{\partial \Phi}{\partial x}$，$u_a$、$v_a$ 为地转偏差分量，且 $u_a = u - u_g$，$v_a = v - v_g$，$\dfrac{\mathrm{d}_g}{\mathrm{d}t} = \dfrac{\partial}{\partial t} + \mathbf{V}_g \cdot \nabla = \dfrac{\partial}{\partial t} + u_g\dfrac{\partial}{\partial x} + v_g\dfrac{\partial}{\partial y}$，$\mathbf{V}_g = u_g\boldsymbol{i} + v_g\boldsymbol{j}$ 为水平方向地转风，其他均为常用气象符号。

因为在 f 平面（即 f 为常数）条件下，地转风散度 $\dfrac{\partial u_g}{\partial x} + \dfrac{\partial v_g}{\partial y} = 0$，因此，式(2.4)可改写为：

$$\frac{\partial u_a}{\partial x} + \frac{\partial v_a}{\partial y} + \frac{\partial \omega}{\partial p} = 0 \tag{2.6}$$

由式(2.2)对 x 求导减去式(2.1)对 y 求导，则可得到准地转涡度方程：

$$\frac{\partial \zeta_g}{\partial t} + \boldsymbol{V}_g \cdot \nabla \zeta_g = f \frac{\partial \omega}{\partial p} \tag{2.7}$$

其中，地转风相对涡度为：

$$\zeta_g = \frac{1}{f} \nabla^2 \Phi \tag{2.8}$$

由式(2.7)对 p 求导与作用 ∇^2 的式(2.3)相加后消去 $\partial/\partial t$ 项，可得到传统的准地转 ω 方程：

$$\left(\sigma \nabla^2 + f^2 \frac{\partial^2}{\partial p^2}\right)\omega = f \frac{\partial}{\partial p}(\boldsymbol{V}_g \cdot \nabla \zeta_g) - \nabla^2\left[-\boldsymbol{V}_g \cdot \nabla\left(-\frac{\partial \Phi}{\partial p}\right)\right] \tag{2.9}$$

上述方程右端第一项为地转风相对涡度平流随高度的变化，第二项为温度平流的拉普拉斯项。

式(2.9)可利用垂直速度场的波动特征，例如：

$$\omega = A\cos\left(kx - \frac{\pi p}{p_0}\right)\cos ly \tag{2.10}$$

则：$\left(\sigma \nabla^2 + f^2 \frac{\partial^2}{\partial p^2}\right)\omega$ 与 $-\omega$ 成正比。这样，式(2.9)的物理意义可以表示为：上升(下沉)运动与正(负)涡度平流随高度的增加率以及暖(冷)平流效应成正比。

2.2 传统的准地转 ω 方程缺点

由于式(2.9)右边两项有一部分相互抵消，因此，利用传统的准地转 ω 方程不容易正确诊断垂直运动。具体分析如下：

式(2.9)右端可表示为：

$$F = \underbrace{f \frac{\partial}{\partial p}(\boldsymbol{V}_g \cdot \nabla \zeta_g)}_{F_1} + \underbrace{\nabla^2\left[\boldsymbol{V}_g \cdot \nabla\left(-\frac{\partial \Phi}{\partial p}\right)\right]}_{F_2}$$

其中，F_1 为地转涡度平流随高度的变化，F_2 为温度平流的拉普拉斯项。从表面上看，可以分别计算 F_1、F_2 各自强迫出的垂直运动，再将得到的结果相加就可得到总的 ω。但实际上这两项是相关的，每一项中都包含着与另一项中一部分相抵消的成分，这使得分别计算的结果不能表示实际的 ω。

为了进一步说明这种抵消的存在，将 F_1、F_2 改写成如下形式：

$$F_1 = \underbrace{f_0 \frac{\partial \boldsymbol{V}_g}{\partial p} \cdot \nabla \zeta_g}_{\mathrm{A}} + \underbrace{f_0 \boldsymbol{V}_g \cdot \nabla \frac{\partial \zeta_g}{\partial p}}_{\mathrm{B}} \tag{2.11}$$

$$F_2 = \underbrace{f_0 \frac{\partial \boldsymbol{V}_g}{\partial p} \cdot \nabla \zeta_g}_{\mathrm{A}} - \underbrace{f_0 \boldsymbol{V}_g \cdot \nabla \frac{\partial \zeta_g}{\partial p}}_{\mathrm{B}} - \underbrace{2\left[J\left(u_g, \frac{\partial u_g}{\partial p}\right) + J\left(v_g, \frac{\partial v_g}{\partial p}\right)\right]}_{\mathrm{C}} \tag{2.12}$$

其中，$J(\alpha, \beta) = \frac{\partial \alpha}{\partial x}\frac{\partial \beta}{\partial y} - \frac{\partial \beta}{\partial x}\frac{\partial \alpha}{\partial y}$ 为雅可比算子。式(2.11)和(2.12)各项所表示的意义如下：

A：热成风相对涡度平流

B:地转风对热成风涡度的平流

C:地转变形项

在式(2.11)、(2.12)中,B 项即地转风对热成风涡度的平流是相互抵消的,总的强迫为:

$$F = 2A - 2C$$

即 F 为热成风相对涡度平流和地转变形作用之和。

此外,式(2.11)、式(2.12)不适用于对流层低层和高层,即斜压性较大的情况。在对流层中层及斜压性较小的情况下,可以忽略地转变形项的作用。

2.3 准地转 Q 矢量及其 ω 方程

2.3.1 准地转 Q 矢量表达式

Hoskins 等(1978)在 1978 年提出了准地转 ω 方程推导的新思路。回顾传统准地转 ω 方程的推导过程,即先对动力学方程式(2.1)和式(2.2)分别对 y 和 x 求导,得到涡度方程,然后就该涡度方程再对 p 求导与热力学方程消去时间变化项而得准地转 ω 方程。而 Hoskins 等(1978)在推导准地转 ω 方程中仅仅是改变了求导次序,如下所述。

首先,就运动学方程式(2.1)和式(2.2)的对 p 求导,可得:

$$\left(\frac{\partial}{\partial t}+\boldsymbol{V}_g\cdot\nabla\right)\left(f\frac{\partial u_g}{\partial p}\right)-f^2\frac{\partial v_a}{\partial p}=-f\frac{\partial \boldsymbol{V}_g}{\partial p}\cdot\nabla u_g \tag{2.13}$$

$$\left(\frac{\partial}{\partial t}+\boldsymbol{V}_g\cdot\nabla\right)\left(f\frac{\partial v_g}{\partial p}\right)+f^2\frac{\partial u_a}{\partial p}=-f\frac{\partial \boldsymbol{V}_g}{\partial p}\cdot\nabla v_g \tag{2.14}$$

对式(2.3)分别对 y、x 求导,可得:

$$\left(\frac{\partial}{\partial t}+\boldsymbol{V}_g\cdot\nabla\right)\left[\frac{\partial}{\partial y}\left(-\frac{\partial \Phi}{\partial p}\right)\right]-\frac{\partial}{\partial y}(\sigma\omega)=-\frac{\partial \boldsymbol{V}_g}{\partial y}\cdot\nabla\left(-\frac{\partial \Phi}{\partial p}\right) \tag{2.15}$$

$$\left(\frac{\partial}{\partial t}+\boldsymbol{V}_g\cdot\nabla\right)\left[\frac{\partial}{\partial x}\left(-\frac{\partial \Phi}{\partial p}\right)\right]-\frac{\partial}{\partial x}(\sigma\omega)=-\frac{\partial \boldsymbol{V}_g}{\partial x}\cdot\nabla\left(-\frac{\partial \Phi}{\partial p}\right) \tag{2.16}$$

利用热成风关系:$f\frac{\partial u_g}{\partial p}=\frac{\partial}{\partial y}\left(-\frac{\partial \Phi}{\partial p}\right)$、$f\frac{\partial v_g}{\partial p}=-\frac{\partial}{\partial x}\left(-\frac{\partial \Phi}{\partial p}\right)$,以及利用 $\frac{\partial u_g}{\partial x}+\frac{\partial v_g}{\partial y}=0$,将式(2.16)+式(2.14)消去 $\frac{\mathrm{d}_g}{\mathrm{d}t}$ 项,得到:

$$\frac{\partial}{\partial x}(\sigma\omega)-f^2\frac{\partial u_a}{\partial p}=-2\left[-\frac{\partial \boldsymbol{V}_g}{\partial x}\cdot\nabla\left(-\frac{\partial \Phi}{\partial p}\right)\right]=-2Q_x \tag{2.17}$$

将式(2.15)-式(2.13)消去 $\frac{\mathrm{d}_g}{\mathrm{d}t}$ 项,得到:

$$\frac{\partial}{\partial y}(\sigma\omega)-f^2\frac{\partial v_a}{\partial p}=-2\left[-\frac{\partial \boldsymbol{V}_g}{\partial y}\cdot\nabla\left(-\frac{\partial \Phi}{\partial p}\right)\right]=-2Q_y \tag{2.18}$$

$$\boldsymbol{Q}=Q_x\boldsymbol{i}+Q_y\boldsymbol{j}=\left[-\frac{\partial \boldsymbol{V}_g}{\partial x}\cdot\nabla\left(-\frac{\partial \Phi}{\partial p}\right)\right]\boldsymbol{i}+\left[-\frac{\partial \boldsymbol{V}_g}{\partial y}\cdot\nabla\left(-\frac{\partial \Phi}{\partial p}\right)\right]\boldsymbol{j} \tag{2.19}$$

则称 $\boldsymbol{Q}=Q_x\boldsymbol{i}+Q_y\boldsymbol{j}$ 为准地转 $\boldsymbol{Q}$ 矢量。其单位为 $\mathrm{m\cdot hPa^{-1}\cdot s^{-3}}$。

2.3.2　准地转 Q 矢量的几种表达式

准地转 $\boldsymbol{Q}$ 矢量除了可以表示成如式(2.19)的向量形式外，还可以表示成以下几种形式：

2.3.2.1　地转风场形式

利用地转风：$u_g=-\dfrac{1}{f}\dfrac{\partial\Phi}{\partial y}$、$v_g=\dfrac{1}{f}\dfrac{\partial\Phi}{\partial x}$，以及热成风关系：$f\dfrac{\partial u_g}{\partial p}=\dfrac{\partial}{\partial y}\left(-\dfrac{\partial\Phi}{\partial p}\right)$、$f\dfrac{\partial v_g}{\partial p}=-\dfrac{\partial}{\partial x}\left(-\dfrac{\partial\Phi}{\partial p}\right)$，式(2.19)可以改写为：

$$Q_x=-\frac{\partial\boldsymbol{V}_g}{\partial x}\cdot\left[-f\frac{\partial v_g}{\partial p},f\frac{\partial u_g}{\partial p}\right]=f\left(\frac{\partial u_g}{\partial x}\frac{\partial v_g}{\partial p}-\frac{\partial v_g}{\partial x}\frac{\partial u_g}{\partial p}\right)\tag{2.20}$$

$$Q_y=-\frac{\partial\boldsymbol{V}_g}{\partial y}\cdot\left[-f\frac{\partial v_g}{\partial p},f\frac{\partial u_g}{\partial p}\right]=f\left(\frac{\partial u_g}{\partial y}\frac{\partial v_g}{\partial p}-\frac{\partial v_g}{\partial y}\frac{\partial u_g}{\partial p}\right)\tag{2.21}$$

2.3.2.2　地转风与温度场形式

利用 $\dfrac{\partial\Phi}{\partial p}=-\alpha$、$\alpha=\dfrac{1}{\rho}$ 及 $p=\rho RT$，式(2.19)可以改写为：

$$Q_x=-\frac{R}{p}\frac{\partial\boldsymbol{V}_g}{\partial x}\cdot\nabla T=-\frac{R}{p}\left(\frac{\partial u_g}{\partial x}\frac{\partial T}{\partial x}+\frac{\partial v_g}{\partial x}\frac{\partial T}{\partial y}\right)\tag{2.22}$$

$$Q_y=-\frac{R}{p}\frac{\partial\boldsymbol{V}_g}{\partial y}\cdot\nabla T=-\frac{R}{p}\left(\frac{\partial u_g}{\partial y}\frac{\partial T}{\partial x}+\frac{\partial v_g}{\partial y}\frac{\partial T}{\partial y}\right)\tag{2.23}$$

2.3.2.3　地转风与比容场形式

由 $p=\rho RT$ 和 $\alpha=\dfrac{1}{\rho}$，则 $\alpha=\dfrac{RT}{p}$，将其代入式(2.22)和式(2.23)可得：

$$Q_x=-\frac{\partial\boldsymbol{V}_g}{\partial x}\cdot\nabla\alpha=-\left(\frac{\partial u_g}{\partial x}\frac{\partial\alpha}{\partial x}+\frac{\partial v_g}{\partial x}\frac{\partial\alpha}{\partial y}\right)\tag{2.24}$$

$$Q_y=-\frac{\partial\boldsymbol{V}_g}{\partial y}\cdot\nabla\alpha=-\left(\frac{\partial u_g}{\partial y}\frac{\partial\alpha}{\partial x}+\frac{\partial v_g}{\partial y}\frac{\partial\alpha}{\partial y}\right)\tag{2.25}$$

2.3.2.4　地转风与位温场形式

由位温定义 $\theta=T\left(\dfrac{p_0}{p}\right)^{\frac{R}{c_p}}$，可得：$\dfrac{RT}{p}=\dfrac{R}{p}\left(\dfrac{p}{p_0}\right)^{\frac{R}{c_p}}\cdot\theta=h\theta$，其中 $h=\dfrac{R}{p}\left(\dfrac{p}{p_0}\right)^{\frac{R}{c_p}}$，代入式(2.22)和式(2.23)可得：

$$Q_x=-h\frac{\partial\boldsymbol{V}_g}{\partial x}\cdot\nabla\theta=-h\left(\frac{\partial u_g}{\partial x}\frac{\partial\theta}{\partial x}+\frac{\partial v_g}{\partial x}\frac{\partial\theta}{\partial y}\right)\tag{2.26}$$

$$Q_y=-h\frac{\partial\boldsymbol{V}_g}{\partial y}\cdot\nabla\theta=-h\left(\frac{\partial u_g}{\partial y}\frac{\partial\theta}{\partial x}+\frac{\partial v_g}{\partial y}\frac{\partial\theta}{\partial y}\right)\tag{2.27}$$

2.3.3　准地转 Q 矢量散度表征的 ω 方程

对式(2.6)作 $\dfrac{\partial}{\partial p}$ 运算，得：

$$\frac{\partial}{\partial x}\left(\frac{\partial u_a}{\partial p}\right)+\frac{\partial}{\partial y}\left(\frac{\partial v_a}{\partial p}\right)+\frac{\partial^2\omega}{\partial p^2}=0 \tag{2.28}$$

作 $\frac{\partial}{\partial x}$ 式(2.17)+ $\frac{\partial}{\partial y}$ 式(2.18)运算，且利用式(2.28)可得：

$$\nabla^2(\sigma\omega)+f^2\frac{\partial^2\omega}{\partial p^2}=-2\nabla\cdot\boldsymbol{Q} \tag{2.29}$$

式(2.29)即是 Hoskins 等(1978)所推导的准地转 ω 方程。上式的意义是，在 f 平面上准地转的垂直运动仅由 $\boldsymbol{Q}$ 矢量的散度决定，被称为“$\boldsymbol{Q}$ 矢量分析方法”(Hoskins 等，1978)。由 $\boldsymbol{Q}$ 矢量的地转风与温度场形式、地转风与比容场形式以及地转风与位温场形式可知，只要已知某一层的温度、风场资料就可以得到该层的 $\boldsymbol{Q}$ 矢量分布情况，从而得到该层垂直运动场分布情况。对于仅用风场计算而言，只要地转风场即可，但是它涉及垂直方向的差分，并且通过散度场计算垂直运动场时，需要整层大气内的散度分布才能算出某一层的垂直运动。可见，用 $\boldsymbol{Q}$ 矢量散度表示 ω 的大小及分布，不仅能避免直接求解 ω 方程的大量计算，而且只需一层等压面资料即可计算，这在定量计算上比传统的准地转 ω 方程及连续方程简便。

2.3.4 $\omega\propto\nabla\cdot\boldsymbol{Q}$ 的推导及对应关系

在式(2.29)推导过程中，已假定 σ 在水平方向的分布是均匀的，即 $\nabla^2\sigma=0$，且在 f 平面条件下，即 f 为常数。为了导出 $\omega\propto\nabla\cdot\boldsymbol{Q}$，人们常常假设 ω 在 x、y 和 p 方向遵循正弦变化规律，即：$\omega=\omega_0\sin\left(\frac{2\pi}{L_x}x\right)\sin\left(\frac{2\pi}{L_y}y\right)\sin\left(\frac{\pi}{p_0}p\right)$，于是式(2.29)左端可写成：

$$\left(\sigma\nabla^2+f^2\frac{\partial^2}{\partial p^2}\right)\omega=-\left[\sigma\left(\frac{2\pi}{L_x}\right)^2+\sigma\left(\frac{2\pi}{L_y}\right)^2+f^2\left(\frac{\pi}{p_0}\right)^2\right]\omega=-A^2\omega \tag{2.30}$$

其中 $A^2=\sigma\left(\frac{2\pi}{L_x}\right)^2+\sigma\left(\frac{2\pi}{L_y}\right)^2+f^2\left(\frac{\pi}{p_0}\right)^2$

由式(2.30)可知，式(2.29)左端项与 $-\omega$ 成正比，于是有：

$$\omega\propto\nabla\cdot\boldsymbol{Q} \tag{2.31}$$

根据式(2.31)可得出：在 $\boldsymbol{Q}$ 矢量辐散区，存在 $\nabla\cdot\boldsymbol{Q}>0$，则 $\omega>0$，有下沉运动；在 $\boldsymbol{Q}$ 矢量辐合区，存在 $\nabla\cdot\boldsymbol{Q}<0$，则 $\omega<0$，有上升运动。$\nabla\cdot\boldsymbol{Q}$ 单位为 $hPa^{-1}\cdot s^{-3}$。

综上所述，用 $\boldsymbol{Q}$ 矢量散度来判断垂直运动简单明了。尤其是用地转风与温度场或比容场形式、位温场形式的 $\boldsymbol{Q}$ 矢量来计算，只要用一层等压面的资料即可算出该层的垂直运动。这是准地转 $\boldsymbol{Q}$ 矢量诊断垂直运动的优点。

2.3.5 准地转 Q 矢量与垂直环流

式(2.17)和式(2.18)描述了 $\boldsymbol{Q}$ 矢量与次级环流之间的关系，由此可知，纬向和经向的垂直环流分别由 $\boldsymbol{Q}$ 矢量纬向和经向分量决定，任意方向垂直剖面上的垂直环流完全由 Q_x 和 Q_y 分量决定，次级环流与 $\boldsymbol{Q}$ 矢量的方向之间的关系如图 2.1 所示，它可以用作 $\boldsymbol{Q}$ 矢量的方向和大小的定性判断。

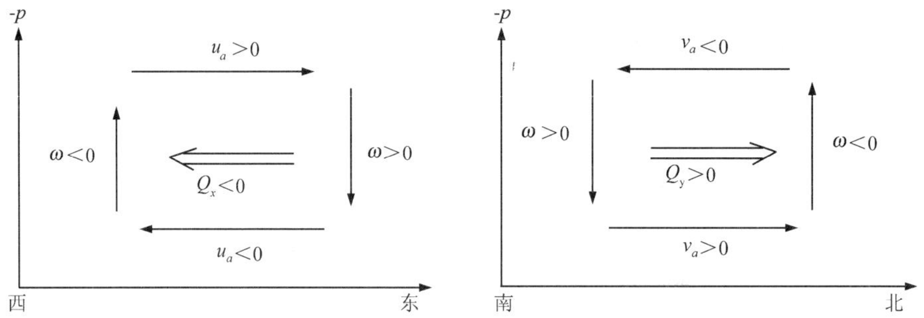

图 2.1 准地转 Q 矢量与垂直环流的关系图

可见,Q 矢量的方向总是指向气流上升区,而背向气流下沉区。Q 矢量可使得由流场和温度场所组成的热成风关系发生变化,因而 Q 矢量总是起到破坏热成风平衡的作用,这必然激发次级环流,使得大尺度大气进行调整,重新达到新的热成风平衡。

将式(2.17)、(2.18)分别对 y、x 求导,且利用式(2.4)消去含 $(\sigma\omega)$ 项,可得:

$$f^2\frac{\partial}{\partial p}\left(\frac{\partial v_a}{\partial x}-\frac{\partial u_a}{\partial y}\right)=2\left(\frac{\partial Q_y}{\partial x}-\frac{\partial Q_x}{\partial y}\right) \tag{2.32}$$

即非地转风涡度的垂直梯度与 Q 矢量的旋度成正比。

根据尺度分析,式(2.29)可简化为:

$$\nabla\cdot\frac{\partial \boldsymbol{V}_a}{\partial p}\approx\frac{1}{f^2}\nabla\cdot\boldsymbol{Q} \tag{2.33}$$

上式表示非地转风垂直切变的散度与 Q 矢量散度成正比。在对流层下层,近地面的非地转风最大,设下标 L、U 分别表示近地面层与上层非地转风较小的层次,则有以下近似关系:

$$\frac{\partial \boldsymbol{V}_a}{\partial p}=\frac{\boldsymbol{V}_{aU}-\boldsymbol{V}_{aL}}{p_U-p_L}\approx\frac{\boldsymbol{V}_{aL}}{p_L-p_U}=\frac{\boldsymbol{V}_{aL}}{\Delta p} \tag{2.34}$$

利用式(2.34),可得式(2.32)、(2.33)在对流层下层的近似表达式分别为:

$$\boldsymbol{k}\cdot(\nabla\times\boldsymbol{V}_{aL})=\frac{2\Delta p}{f^2}\boldsymbol{k}\cdot(\nabla\times\boldsymbol{Q})$$

$$\nabla\cdot\boldsymbol{V}_{aL}=\frac{\Delta p}{f^2}\nabla\cdot\boldsymbol{Q}$$

即在对流层下层非地转风的涡度、散度分别与 Q 矢量的旋度、散度成正比。这表明,在对流层下层,可以用 Q 矢量近似表示非地转运动。用 Q 矢量来估计低层非地转运动的分布与强度。

2.3.6 Q 矢量基本判别方法与典型应用

为了便于读者掌握对 Q 矢量分析方法的应用,参照林本达(1987)、白乐生(1988)、张兴旺(1998a、1998b)及姚秀萍等(2005)相关研究工作和讲义,介绍 Q 矢量基本判别方法以及一些典型应用。

2.3.6.1 定性判断 Q 矢量的方法和规则

(1)沿等位温线方向取两点 1、2,画出这两点的地转风向量 $\boldsymbol{V}_g$,并在 1、2 的中点作出地

转向量差 $\Delta \boldsymbol{V}_g = \boldsymbol{V}_{g2} - \boldsymbol{V}_{g1}$。

(2)$\boldsymbol{Q}$ 矢量的方向垂直于 $\Delta \boldsymbol{V}_g$ 指向其右方。$|\Delta \boldsymbol{V}_g|$ 和 $|\nabla T|$ 越大,$\boldsymbol{Q}$ 矢量值越大(如图 2.2)。

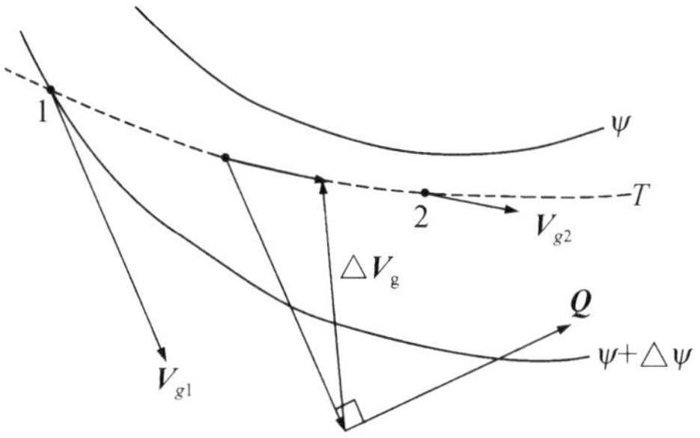

图 2.2 $\boldsymbol{Q}$ 矢量方向及大小的定性诊断

2.3.6.2 Q 矢量诊断垂直运动的规则

在 $\boldsymbol{Q}$ 矢量的辐合区有上升运动,在 $\boldsymbol{Q}$ 矢量的辐散区有下沉运动。因此,在 $\boldsymbol{Q}$ 矢量极大值点的前方有上升运动,后方有下沉运动。这样,只要计算 $\boldsymbol{Q}$ 矢量,并画出 $\boldsymbol{Q}$ 矢量分布图,即可根据上述规则判断出垂直运动的方向。此外,$\boldsymbol{Q}$ 矢量的辐合越强,所产生的垂直运动越强,由此也可定性地判断出垂直运动的强弱。

2.3.6.3 准地转 Q 矢量与次级环流的关系

由式(2.17)和式(2.18)可知,纬向和经向的垂直环流分别由 Q_x 和 Q_y 决定。因而,任一方向垂直剖面的次级环流,完全由在该方向的 $\boldsymbol{Q}$ 矢量分量决定。下面来考察次级环流方向和 $\boldsymbol{Q}$ 矢量方向之间的关系(图 2.3)。

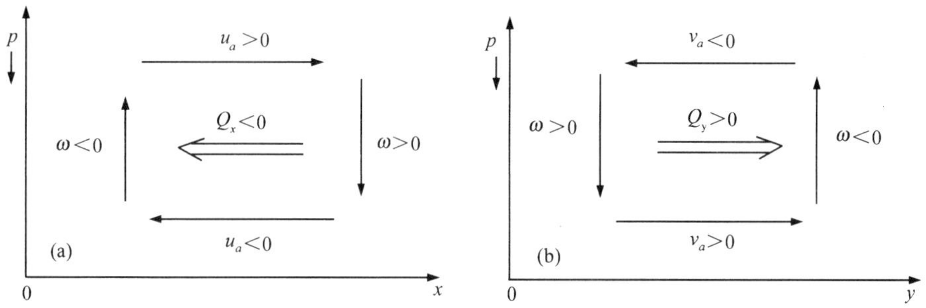

图 2.3 垂直环流与 Q_x (a)、Q_y (b)方向的关系

图 2.3a 所示为西部上升,东部下沉,高层向东,低层向西的纬向垂直环流。这种情况下,$\frac{\partial \omega}{\partial x} > 0$ 及 $\frac{\partial u_a}{\partial p} < 0$,根据式(2.17)则有 $Q_x < 0$,即 Q_x 指向西。另外,图 2.3b 所示为南部下沉、北部上升,高层向南、低层向北的经向垂直环流。这时有 $\frac{\partial \omega}{\partial y} < 0$,$\frac{\partial v_a}{\partial p} > 0$,根据式(2.18)则有 $Q_y > 0$,即 Q_y 指向北。另外,从图 2.3a 和图 2.3b 可以看出,当垂直环流方向是顺时针旋转时,$\boldsymbol{Q}$ 矢量的分量小于零;反之,当垂直环流方向是逆时针旋转时,该方向的 $\boldsymbol{Q}$ 矢

量分量大于零。总而言之，**Q** 矢量总是指向上升区背向下沉区。

2.3.6.4　准地转 Q 矢量与急流的关系

图 2.4 所示为急流核附近的流场和温度场的特征。

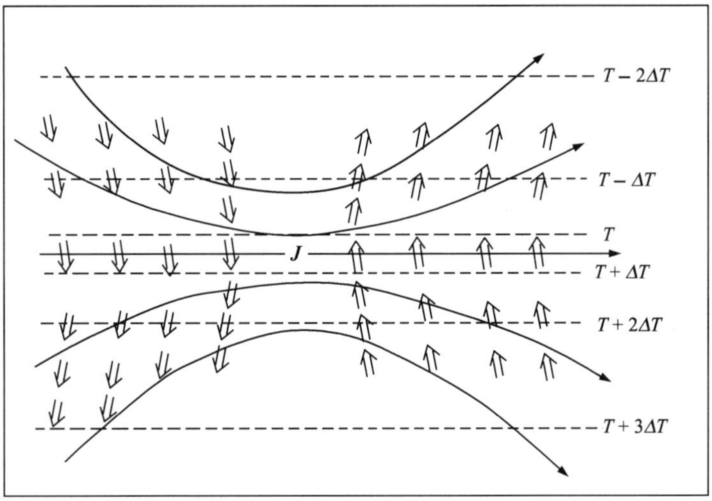

图 2.4　急流出入口区 **Q** 矢量

------等温线　⟶流线　⟹ **Q** 矢量

利用准地转 **Q** 矢量的地转风和温度场表达形式，由图 2.4 可知，在急流的入口区，$\frac{\partial u_g}{\partial x} > 0$，$\frac{\partial T}{\partial y} < 0$，因此 $Q_y = -\frac{R}{p}\left(-\frac{\partial u_g}{\partial x}\frac{\partial T}{\partial y}\right) < 0$，其方向指向南，所以，在入口区，冷空气一侧下沉，暖空气一侧上升，是直接热力环流；在急流的出口区，$\frac{\partial u_g}{\partial x} < 0$，$\frac{\partial T}{\partial y} < 0$，于是，$Q_y = \frac{R}{p}\left(\frac{\partial u_g}{\partial x}\frac{\partial T}{\partial y}\right) > 0$，其方向指向北方，在急流出口区，冷空气一侧上升，暖空气一侧下沉，是间接热力环流。

与此相对应，一般急流入口区的右侧，出口区的左侧是 **Q** 矢量辐合区；而入口区左侧和出口区右侧是 **Q** 矢量辐散区。

2.3.6.5　准地转 Q 矢量判断锋生、锋消的规则

Q 矢量不仅能用来诊断垂直环流，而且由于它决定了流场和温度场热成风的个别变化，亦即决定了水平温度的个别变化，因而还可用来判断锋生、锋消。锋生是指某种反映锋生特征的物理特性 S（例如温度 T、位温 θ 等）的梯度增大（即 S 等值线变密）的过程。一般可以定义一个锋生函数 F：

$$F = \frac{\mathrm{d}}{\mathrm{d}t}\mid \nabla S \mid \quad 或 \quad F = \frac{\mathrm{d}}{\mathrm{d}t}\left[(\nabla S)^2\right]^{\frac{1}{2}} \tag{2.35}$$

当 $F > 0$ 时，锋生；当 $F < 0$ 时，锋消。

下面讨论准地转 **Q** 矢量与锋生的关系。将式(2.15)和式(2.16)求矢量和，可得：

$$\left(\frac{\partial}{\partial t}+\boldsymbol{V}_g\cdot\nabla\right)\cdot\nabla\left(-\frac{\partial\Phi}{\partial p}\right)=\boldsymbol{Q}+\nabla(\sigma\omega) \tag{2.36}$$

上式可改写成：

$$\left(\frac{\partial}{\partial t}+\boldsymbol{V}_g\cdot\nabla\right)\cdot\nabla T=\frac{p}{R}[\boldsymbol{Q}+\nabla(\sigma\omega)] \tag{2.37}$$

式(2.37)点乘 ∇T，可得：

$$\frac{\mathrm{d}_g}{\mathrm{d}t}(\nabla T)^2=\frac{p}{R}[\boldsymbol{Q}\cdot\nabla T+\nabla(\sigma\omega)\cdot\nabla T] \tag{2.38}$$

式(2.38)为 $\boldsymbol{Q}$ 矢量形式的准地转锋生函数。其中，右端第二项表示当 ω 向冷空气方向减小时，气团锋生，这项的量级一般较小，可略去。因此，准地转的锋生函数可近似表示成：

$$\frac{\mathrm{d}_g}{\mathrm{d}t}(\nabla T)^2=\frac{p}{R}\boldsymbol{Q}\cdot\nabla T \tag{2.39}$$

式(2.39)可以用来定性判断有利锋生还是有利锋消。用 $\boldsymbol{Q}$ 矢量表示的锋生函数比较简明。请看下列示意图(图 2.5)。

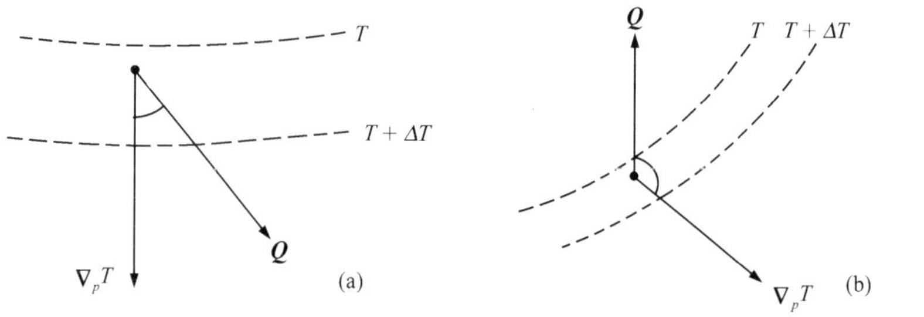

图 2.5 有利于锋生(a)、锋消(b)的形势

由图 2.5 可得到准地转 $\boldsymbol{Q}$ 矢量预报锋生还是锋消的规则：

当 $\boldsymbol{Q}$ 矢量与 ∇T 交角小于 90°(同号)(图 2.5a)，$\boldsymbol{Q}\cdot\nabla T>0$，即 $\boldsymbol{Q}$ 矢量指向暖空气，将增加原有的温度梯度，因而有利于锋生。当 $\boldsymbol{Q}$ 矢量与 ∇T 同向时，最有利于锋生。

当 $\boldsymbol{Q}$ 矢量与 ∇T 交角大于 90°(即反号)(图 2.5b)，$\boldsymbol{Q}\cdot\nabla T<0$，即 $\boldsymbol{Q}$ 矢量指向冷空气时，将减小原有的温度梯度，因而有利于锋消。当 $\boldsymbol{Q}$ 矢量与 ∇T 反向时，最有利于锋消。

3 半地转 Q 矢量

准地转近似,对非地转风的削弱作用很大,并且只适合于中纬度地区。通常,对流越强的地区,非地转效应也越强。当准地转近似应用于非地转性明显的中尺度系统研究时就存在一定的缺陷。为了更好地揭示系统的非地转运动特征,分析研究中尺度系统的演变及天气现象,利用与准地转 ω 方程一样的形式的半地转 Q 矢量,可以从新的角度实现对大气三维结构相互制约机制的简化描述,同时,它较准地转 Q 矢量更加完善,不仅包含了准地转各项,而且还考虑到非地转风、风垂直切变、纬度效应和热成风的作用,能够更好地表征中尺度系统的特征。

3.1 半地转 Q 矢量及其 ω 方程

类似于准地转运动方程和热力学方程,半地转模式的动量方程保留了非地转和地转动量的垂直平流,半地转模式的热力学方程保留了非地转造成的和由风的垂直分量造成的温度平流(寿绍文,2003)。

3.1.1 半地转 Q 矢量表达式

半地转模式的动量方程和热力学方程(Hoskins,1975;寿绍文,2003)为:

$$\left(\frac{\partial}{\partial t}+\mathbf{V}\cdot\nabla\right)u_g-f(v-v_g)=0 \tag{3.1}$$

$$\left(\frac{\partial}{\partial t}+\mathbf{V}\cdot\nabla\right)v_g+f(u-u_g)=0 \tag{3.2}$$

$$\left(\frac{\partial}{\partial t}+\mathbf{V}\cdot\nabla\right)\left(-\frac{\partial\Phi}{\partial p}\right)-\sigma\omega=0 \tag{3.3}$$

$$\frac{\partial u_a}{\partial x}+\frac{\partial v_a}{\partial y}+\frac{\partial\omega}{\partial p}=0 \tag{3.4}$$

$$\frac{\partial\Phi}{\partial p}=-\alpha \tag{3.5}$$

$$fu_g=-\frac{\partial\Phi}{\partial y},\ fv_g=\frac{\partial\Phi}{\partial x} \tag{3.6}$$

$$f\frac{\partial u_g}{\partial p}=-\frac{\partial}{\partial y}\left(\frac{\partial \Phi}{\partial p}\right),\ f\frac{\partial v_g}{\partial p}=\frac{\partial}{\partial x}\left(\frac{\partial \Phi}{\partial p}\right) \tag{3.7}$$

式中 α 为比容，Φ 为重力位势，$\sigma=-\dfrac{\alpha}{\theta}\dfrac{\partial\theta}{\partial p}$ 为静力稳定度参数，$u_a=u-u_g$，$v_a=v-v_g$ 为非地转风分量，其他均为常用气象符号。

方程式(3.1)(3.2)与准地转运动方程不同之处在于保留了非地转风造成的动量平流；热力学方程(3.3)与准地转的不同之处在于，多了由非地转风引起的温度平流项，即 $u=u_a+u_g$、$v=v_a+v_g$。另外，准地转近似中忽略了 β 效应，而半地转近似则令 $f=f_0+\beta(y-y_c)$。

式(3.1)和式(3.2)两边乘以 f，再对 p 求导，式(3.3)分别对 x、y 求导，得到：

$$\left(\frac{\partial}{\partial t}+\mathbf{V}\cdot\nabla\right)\left(f\frac{\partial u_g}{\partial p}\right)-f^2\frac{\partial v_a}{\partial p}+f\frac{\partial \mathbf{V}}{\partial p}\cdot\nabla u_g-v\beta\frac{\partial u_g}{\partial p}=0 \tag{3.8}$$

$$\left(\frac{\partial}{\partial t}+\mathbf{V}\cdot\nabla\right)\left(f\frac{\partial u_g}{\partial p}\right)-\frac{\partial}{\partial y}(\sigma\omega)+\frac{\partial \mathbf{V}}{\partial y}\cdot\nabla\left(-\frac{\partial \Phi}{\partial p}\right)=0 \tag{3.9}$$

$$\left(\frac{\partial}{\partial t}+\mathbf{V}\cdot\nabla\right)\left(f\frac{\partial v_g}{\partial p}\right)+f^2\frac{\partial u_a}{\partial p}+f\frac{\partial \mathbf{V}}{\partial p}\cdot\nabla v_g-v\beta\frac{\partial v_g}{\partial p}=0 \tag{3.10}$$

$$\left(\frac{\partial}{\partial t}+\mathbf{V}\cdot\nabla\right)\left(-f\frac{\partial v_g}{\partial p}\right)-\frac{\partial}{\partial x}(\sigma\omega)+\frac{\partial \mathbf{V}}{\partial x}\cdot\nabla\left(-\frac{\partial \Phi}{\partial p}\right)=0 \tag{3.11}$$

由式(3.10)+式(3.11)及式(3.8)−式(3.9)，可得：

$$\frac{\partial}{\partial x}(\sigma\omega)-f^2\frac{\partial u_a}{\partial p}=-\left[\frac{\partial \mathbf{V}}{\partial x}\cdot\nabla\left(\frac{\partial \Phi}{\partial p}\right)-f\frac{\partial \mathbf{V}}{\partial p}\cdot\nabla v_g+v\beta\frac{\partial v_g}{\partial p}\right] \tag{3.12}$$

$$\frac{\partial}{\partial y}(\sigma\omega)-f^2\frac{\partial v_a}{\partial p}=-\left[\frac{\partial \mathbf{V}}{\partial y}\cdot\nabla\left(\frac{\partial \Phi}{\partial p}\right)+f\frac{\partial \mathbf{V}}{\partial p}\cdot\nabla u_g-v\beta\frac{\partial u_g}{\partial p}\right] \tag{3.13}$$

令：

$$Q_x^H=\frac{1}{2}\left[\frac{\partial \mathbf{V}}{\partial x}\cdot\nabla\left(\frac{\partial \Phi}{\partial p}\right)-f\frac{\partial \mathbf{V}}{\partial p}\cdot\nabla v_g+v\beta\frac{\partial v_g}{\partial p}\right] \tag{3.14}$$

$$Q_y^H=\frac{1}{2}\left[\frac{\partial \mathbf{V}}{\partial y}\cdot\nabla\left(\frac{\partial \Phi}{\partial p}\right)+f\frac{\partial \mathbf{V}}{\partial p}\cdot\nabla u_g-v\beta\frac{\partial u_g}{\partial p}\right] \tag{3.15}$$

$$\boldsymbol{Q}^H=Q_x^H\boldsymbol{i}+Q_y^H\boldsymbol{j} \tag{3.16}$$

将式(3.14)、式(3.15)代入式(3.16)，可得：

$$\begin{aligned}\boldsymbol{Q}^H=&\frac{1}{2}\left[\frac{\partial \mathbf{V}}{\partial x}\cdot\nabla\left(\frac{\partial \Phi}{\partial p}\right)-f\frac{\partial \mathbf{V}}{\partial p}\cdot\nabla v_g+v\beta\frac{\partial v_g}{\partial p}\right]\boldsymbol{i}\\&+\frac{1}{2}\left[\frac{\partial \mathbf{V}}{\partial y}\cdot\nabla\left(\frac{\partial \Phi}{\partial p}\right)+f\frac{\partial \mathbf{V}}{\partial p}\cdot\nabla u_g-v\beta\frac{\partial u_g}{\partial p}\right]\boldsymbol{j}\end{aligned} \tag{3.17}$$

式(3.17)即为半地转 $\boldsymbol{Q}$ 矢量。值得注意的是，半地转 $\boldsymbol{Q}$ 矢量的表达式中不仅含有地转风，同时还包括了实际风，这是其与准地转 $\boldsymbol{Q}$ 矢量明显的不同之处。

3.1.2 半地转 Q 矢量表征的 ω 方程

利用式(3.14)和(3.15),则式(3.12)和(3.13)可化为:

$$\frac{\partial}{\partial x}(\sigma\omega)-f^2\frac{\partial u_a}{\partial p}=-2Q_x^H \tag{3.18}$$

$$\frac{\partial}{\partial y}(\sigma\omega)-f^2\frac{\partial v_a}{\partial p}=-2Q_y^H \tag{3.19}$$

作 $\frac{\partial}{\partial x}$ 式(3.18)及 $\frac{\partial}{\partial y}$ 式(3.19)处理,并相加,且利用 $-\frac{\partial\omega}{\partial p}=\frac{\partial u_a}{\partial x}+\frac{\partial v_a}{\partial y}$,同时,从尺度分析可知,$2f\beta\frac{\partial v_a}{\partial p}$ 项比其他项小两个以上数量级,故可以略去。于是有:

$$\nabla^2(\sigma\omega)+f^2\frac{\partial^2\omega}{\partial p^2}=-2\nabla\cdot\boldsymbol{Q}^H \tag{3.20}$$

此式物理意义是:半地转近似下,垂直运动仅由半地转 $\boldsymbol{Q}$ 矢量散度决定,且 ω 与 $\boldsymbol{Q}^H$ 有如下关系:$\omega\propto\nabla\cdot\boldsymbol{Q}^H$。式(3.20)即为半地转 $\boldsymbol{Q}$ 矢量表征的 ω 方程。

另外,用 $\boldsymbol{Q}^H$ 矢量还可以描述非地转风场,其方法是:由式(3.18)、(3.19)中消去含 $\sigma\omega$ 项,则得:

$$f^2\frac{\partial}{\partial p}\left(\frac{\partial v_a}{\partial x}-\frac{\partial u_a}{\partial y}\right)=2\left(\frac{\partial Q_y^H}{\partial x}-\frac{\partial Q_x^H}{\partial y}\right) \tag{3.21}$$

式(3.21)表明:非地转风涡度的垂直梯度与 $\boldsymbol{Q}^H$ 旋度成正比。再由尺度分析,式(3.20)可简化为

$$\nabla\cdot\frac{\partial\boldsymbol{V}_a}{\partial p}=\frac{2}{f^2}\nabla\cdot\boldsymbol{Q}^H \tag{3.22}$$

式(3.22)的物理意义是:非地转风垂直切变的散度与半地转 $\boldsymbol{Q}$ 矢量散度成正比。

由于对流层下层,近地层非地转风最大,设下标 L、U 分别表示低层与高层非地转风的层次,则有如下近似关系:

$$\frac{\partial\boldsymbol{V}_a}{\partial p}=\frac{\boldsymbol{V}_{aU}-\boldsymbol{V}_{aL}}{p_U-p_L}=-\frac{\boldsymbol{V}_{aL}}{p_U-p_L}=\frac{\boldsymbol{V}_{aL}}{\Delta p} \tag{3.23}$$

将式(3.23)代入式(3.21)和(3.22)中得

$$\boldsymbol{k}\cdot(\nabla\times\boldsymbol{V}_{aL})\approx\frac{2\Delta p}{f^2}\boldsymbol{k}\cdot(\nabla\times\boldsymbol{Q}^H) \tag{3.24}$$

$$\nabla\cdot\boldsymbol{V}_{aL}\approx\frac{2\Delta p}{f^2}\nabla\cdot\boldsymbol{Q}^H \tag{3.25}$$

可见,由式(3.25)可以描述低层非地转风场。

从式(3.14)和(3.15)可知:

$$Q_x^H=\frac{1}{2}\left[\frac{\partial u}{\partial x}\frac{\partial}{\partial x}\left(\frac{\partial\Phi}{\partial p}\right)+\frac{\partial v}{\partial x}\frac{\partial}{\partial y}\left(\frac{\partial\Phi}{\partial p}\right)-f\frac{\partial\boldsymbol{V}}{\partial p}\cdot\nabla v_g+v\beta\frac{\partial v_g}{\partial p}\right] \tag{3.26}$$

$$Q_y^H=\frac{1}{2}\left[\frac{\partial u}{\partial y}\frac{\partial}{\partial x}\left(\frac{\partial\Phi}{\partial p}\right)+\frac{\partial v}{\partial y}\frac{\partial}{\partial y}\left(\frac{\partial\Phi}{\partial p}\right)+f\frac{\partial\boldsymbol{V}}{\partial p}\cdot\nabla u_g-v\beta\frac{\partial u_g}{\partial p}\right] \tag{3.27}$$

由式(3.26)和(3.27)可知，在半地转 $\boldsymbol{Q}$ 矢量中也含有水平切变和汇合项，但它不同于准地转 $\boldsymbol{Q}$ 矢量，它是实际风的水平切变和汇合项，由 $\frac{\partial u}{\partial x}$、$\frac{\partial v}{\partial y}$ 与 $\frac{\partial u}{\partial y}$、$\frac{\partial v}{\partial x}$，以及 $u = u_g + u_a$、$v = v_g + v_a$ 可知，半地转的水平切变和汇合项比准地转的多出了非地转风的水平切变和汇合项。另外，它还包含有风的垂直切变与地转风梯度的共同作用项 $\left(-f\frac{\partial \boldsymbol{V}}{\partial p}\cdot\nabla v_g、f\frac{\partial \boldsymbol{V}}{\partial p}\cdot\nabla u_g\right)$ 以及热成风作用项 $\left(v\beta\frac{\partial v_g}{\partial p}、-v\beta\frac{\partial u_g}{\partial p}\right)$。

为进一步说明热成风与 β 共同作用项的物理意义，可以用近于 x 轴走向的梅雨锋区来加以阐明(李柏等，1997)。如图 3.1a 所示，$\frac{\partial T}{\partial x}\approx 0$，$Q_x^H = \frac{v\beta}{2}\frac{\partial v_g}{\partial p} = \frac{v\beta R}{2fp}\frac{\partial T}{\partial x} = 0$，$Q_y^H = -\frac{v\beta}{2}\frac{\partial u_g}{\partial p} = -\frac{v\beta R}{2fp}\frac{\partial T}{\partial y} \neq 0$。由于 $\beta_A > \beta_B$，$1/f_A > 1/f_B$，$f > 0$，即有暖平流时，$Q_y^H = -\frac{v\beta R}{2fp}\frac{\partial T}{\partial y} > 0$，但在 A 点 Q_y^H 大于 B 点，故有 $\nabla\cdot\boldsymbol{Q}^H < 0$，即 $\omega < 0$ 出现上升运动，反之，如图 3.1b 所示，$v < 0$ 即冷平流，则有 $\nabla\cdot\boldsymbol{Q}^H > 0$，即 $\omega > 0$ 出现下沉运动。这与梅雨锋区观测到的锋区南侧暖湿气流上升，北侧冷空气下沉的事实是相吻合的。

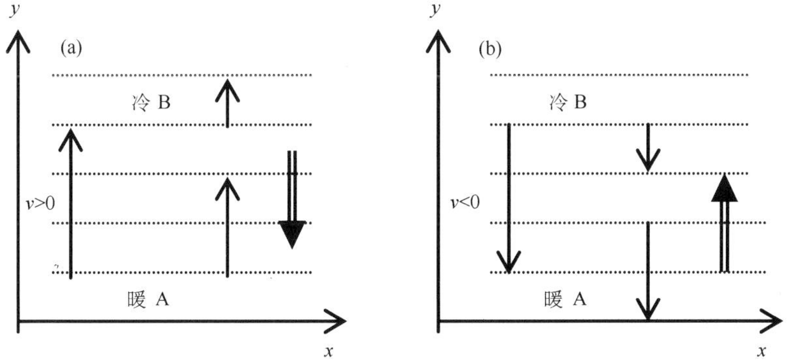

图 3.1 半地转 $\boldsymbol{Q}$ 矢量的热成风和 β 作用项(黑箭头为 $\boldsymbol{Q}$ 矢量)

(a) $v > 0$ 暖平流，$\frac{\partial Q_y^H}{\partial y} < 0$，即 $\omega < 0$；(b) $v < 0$ 冷平流，$\frac{\partial Q_y^H}{\partial y} > 0$，即 $\omega > 0$

从半地转 $\boldsymbol{Q}$ 矢量表征的 ω 方程看，它不仅具有与准地转 $\boldsymbol{Q}$ 矢量所表征的 ω 方程一样的简化形式，从新的角度实现了简化描述大气三维空间的相互制约机制，同时，它比准地转 $\boldsymbol{Q}$ 矢量更加完善，不仅包含了准地转各项，还考虑了非地转风的作用、风垂直切变、纬度效应和热成风作用，更具有表征中尺度系统的能力。

3.2 半地转 $\boldsymbol{Q}$ 矢量与垂直环流

方程式(3.18)和(3.19)描述了半地转 $\boldsymbol{Q}$ 矢量与次级环流之间的关系，由此可知，纬向和经向的垂直环流分别由半地转 $\boldsymbol{Q}$ 矢量纬向和经向分量决定，任意方向垂直剖面上的垂直环流完全由 Q_x^H 和 Q_y^H 分量决定，次级环流与半地转 $\boldsymbol{Q}$ 矢量的方向之间的关系如图 3.2 所示：

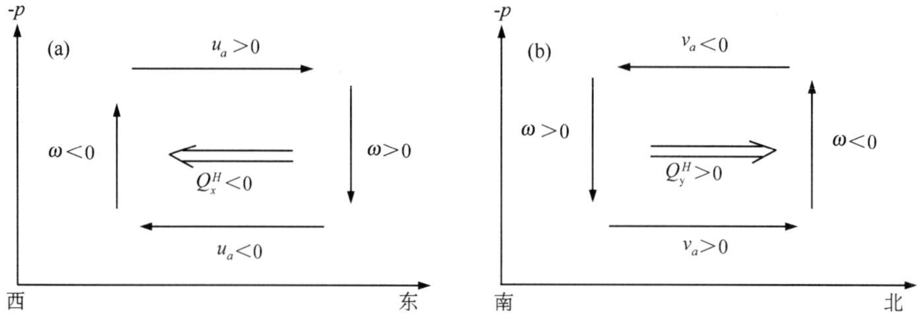

图 3.2　半地转 **Q** 矢量与垂直环流的关系图

图 3.2a 所示为西部上升，东部下沉，高层向东，低层向西的纬向垂直环流，图 3.2b 所示为南部下沉，北部上升，高层向南，低层向北的经向垂直环流。

可见，半地转 **Q** 矢量的方向总是指向气流上升区，而背向气流下沉区。半地转 **Q** 矢量可使由流场和温度场所组成的热成风关系发生变化，因而总是起到破坏热成风平衡的作用，这必然激发次级环流，使得大尺度大气进行调整，达到新的热成风平衡。

4 广义 Q 矢量

Hoskins 等(1978)的 $\boldsymbol{Q}$ 矢量是在准地转近似假设下得到的，因而有一定的局限性，其在次天气尺度运动和激烈天气系统中的应用有明显不足。因此，有必要把 $\boldsymbol{Q}$ 矢量的概念从准地转理论中推广到原始方程中去，1991 年 Davies-Jones(1991)利用原始方程得到了类似于准地转 $\boldsymbol{Q}$ 矢量的广义 $\boldsymbol{Q}$ 矢量。

4.1 广义 $\boldsymbol{Q}$ 矢量的引出

准静力、包辛内斯克、无凝结、无黏性、绝热、f 平面的原始方程为：

$$\frac{\partial u}{\partial t}+u\frac{\partial u}{\partial x}+v\frac{\partial u}{\partial y}+w\frac{\partial u}{\partial z}=fv_a \tag{4.1}$$

$$\frac{\partial v}{\partial t}+u\frac{\partial v}{\partial x}+v\frac{\partial v}{\partial y}+w\frac{\partial v}{\partial z}=-fu_a \tag{4.2}$$

$$\frac{\partial \Phi}{\partial z}=fb \tag{4.3}$$

$$\frac{\partial u}{\partial x}+\frac{\partial v}{\partial y}+\frac{\partial w}{\partial z}=0 \tag{4.4}$$

$$\frac{\partial b}{\partial t}+u\frac{\partial b}{\partial x}+v\frac{\partial b}{\partial y}+\frac{N^2}{f}w=0(\text{即 } \mathrm{d}b/\mathrm{d}t=0) \tag{4.5}$$

这里，在垂直方向使用修改的气压坐标 $z=\frac{c_p\theta_0}{g}\left[1-\left(\frac{p}{p_0}\right)^K\right]$，$K=\frac{R}{c_p}$，$b=\frac{g}{f\theta_0}\theta$，$N^2=f\frac{\partial b}{\partial z}$，

$\mathbf{V}_g=\frac{1}{f}\left(-\frac{\partial \Phi}{\partial y},\frac{\partial \Phi}{\partial x},0\right)$，$\mathbf{V}_a=\mathbf{V}-\mathbf{V}_g$，其他均为常用气象符号。

类似于三维涡度的假涡度为：

$$\boldsymbol{\zeta}=-\frac{\partial v}{\partial z}\boldsymbol{i}+\frac{\partial u}{\partial z}\boldsymbol{j}+\left(\frac{\partial v}{\partial x}-\frac{\partial u}{\partial y}\right)\boldsymbol{k} \tag{4.6}$$

由式(4.1)—(4.3)可得假涡度(以下简称为涡度)方程：

$$\frac{\mathrm{d}\boldsymbol{\zeta}}{\mathrm{d}t}=(\boldsymbol{\zeta}\cdot\nabla)\mathbf{V}+f\frac{\partial \mathbf{V}_a}{\partial z} \tag{4.7}$$

热成风关系为：

$$f\frac{\partial \boldsymbol{V}_g}{\partial z}=f\boldsymbol{k}\times\nabla_H b \tag{4.8}$$

其中 $\nabla_H=\frac{\partial}{\partial x}\boldsymbol{i}+\frac{\partial}{\partial y}\boldsymbol{j}$，且式(4.8)可写为：$f\frac{\partial u_g}{\partial z}=-f\frac{\partial b}{\partial y}$，$f\frac{\partial v_g}{\partial z}=-f\frac{\partial b}{\partial x}$

把式(4.8)代入式(4.7)可得：

$$\frac{\mathrm{d}\boldsymbol{\zeta}}{\mathrm{d}t}=(\boldsymbol{\zeta}\cdot\nabla)\boldsymbol{V}+f\frac{\partial \boldsymbol{V}}{\partial z}-f\boldsymbol{k}\times\nabla_H b \tag{4.9}$$

对式(4.5)作 ∇ 处理可得：

$$\frac{\mathrm{d}}{\mathrm{d}t}\nabla b+\nabla b\cdot\boldsymbol{G}=0 \tag{4.10}$$

其中 $\boldsymbol{G}$ 为矩阵，且

$$\boldsymbol{G}=\begin{pmatrix}\frac{\partial u}{\partial x} & \frac{\partial v}{\partial x} & \frac{\partial w}{\partial x}\\ \frac{\partial u}{\partial y} & \frac{\partial v}{\partial y} & \frac{\partial w}{\partial y}\\ \frac{\partial u}{\partial z} & \frac{\partial v}{\partial z} & \frac{\partial w}{\partial z}\end{pmatrix} \text{ 及 } \boldsymbol{G}_H=\begin{pmatrix}\frac{\partial u}{\partial x} & \frac{\partial v}{\partial x}\\ \frac{\partial u}{\partial y} & \frac{\partial v}{\partial y}\end{pmatrix} \tag{4.11}$$

令：

$$\boldsymbol{S}^*=-\frac{1}{2}\nabla_H b\cdot\boldsymbol{G}_H \tag{4.12}$$

其中 $\boldsymbol{S}^*$ 为锋生矢量。

将式(4.11)及(4.12)代入式(4.10)，可得：

$$\frac{\mathrm{d}}{\mathrm{d}t}\nabla_H b=2\boldsymbol{S}^*-\frac{N^2}{f}\nabla_H w \tag{4.13}$$

由式(4.9)与(4.10)，可得位涡守恒：

$$\frac{\mathrm{d}}{\mathrm{d}t}(\varsigma\cdot\nabla b)=0 \tag{4.14}$$

其中，$\varsigma=\boldsymbol{\zeta}+(0,0,f)$

式(4.7)的水平涡度方程为：

$$\frac{\mathrm{d}}{\mathrm{d}t}\boldsymbol{\zeta}_H=(\boldsymbol{\zeta}\cdot\nabla)\boldsymbol{V}_H+f\frac{\partial \boldsymbol{V}_{aH}}{\partial z} \tag{4.15}$$

其中，$\boldsymbol{\zeta}_H=-\frac{\partial v}{\partial z}\boldsymbol{i}+\frac{\partial u}{\partial z}\boldsymbol{j}$，$\boldsymbol{V}_H=u\boldsymbol{i}+v\boldsymbol{j}$，$\boldsymbol{V}_{aH}=u_a\boldsymbol{i}+v_a\boldsymbol{j}$

又：

$$(\boldsymbol{\zeta}\cdot\nabla)\boldsymbol{V}_H=\boldsymbol{\zeta}_H\cdot\boldsymbol{G}_H\equiv 2\boldsymbol{R}^* \tag{4.16}$$

其中 $\boldsymbol{R}^*$ 为水平涡旋伸展向量。

于是，式(4.15)可改写为：

$$\frac{\mathrm{d}}{\mathrm{d}t}\boldsymbol{\zeta}_H=2\boldsymbol{R}^*+f\frac{\partial \boldsymbol{V}_{aH}}{\partial z} \tag{4.17}$$

定义广义 $\boldsymbol{Q}$ 矢量为 $\boldsymbol{Q}^B$，且令：

$$\boldsymbol{Q}^B = \boldsymbol{R}^* + \boldsymbol{S}^* = \frac{1}{2}(\boldsymbol{\zeta}_H - \nabla_H b) \cdot \boldsymbol{G}_H \tag{4.18}$$

4.2 广义 $\boldsymbol{Q}$ 矢量及其 ω 方程

4.2.1 广义 Q 矢量表达式

由式(4.17)+式(4.13)可得：

$$\frac{\mathrm{d}}{\mathrm{d}t}(\boldsymbol{\zeta}_H + \nabla_H b) = \boldsymbol{Q}^B - \frac{N^2}{f}\nabla_H w - f\boldsymbol{k} \times \boldsymbol{\zeta}_{Ha} \tag{4.19}$$

又：$\boldsymbol{\zeta}_H = \boldsymbol{\zeta}_{Ha} + \boldsymbol{\zeta}_{Hg}$，且 $\boldsymbol{\zeta}_{Hg} = -\nabla_H b$，于是有：

$$\boldsymbol{\zeta}_H + \nabla_H b = \boldsymbol{\zeta}_{Ha} + \boldsymbol{\zeta}_{Hg} + \nabla_H b = \boldsymbol{\zeta}_{Ha} \tag{4.20}$$

把式(4.20)代入式(4.19)，可得：

$$\frac{\mathrm{d}}{\mathrm{d}t}\boldsymbol{\zeta}_{Ha} = 2\boldsymbol{Q}^B - \frac{N^2}{f}\nabla_H w - f\boldsymbol{k} \times \boldsymbol{\zeta}_{Ha} \tag{4.21}$$

方程(4.21)称为热成风涡度非平衡方程或称非热成风涡度的变化方程。

对式(4.21)作用 $f\nabla_H$ 后，可得：

$$f\nabla_H \cdot \frac{\mathrm{d}}{\mathrm{d}t}\boldsymbol{\zeta}_{Ha} = 2f\nabla_H \cdot \boldsymbol{Q}^B - \nabla_H \cdot (N^2 \nabla_H w) - f^2 \frac{\partial^2 w}{\partial z^2} \tag{4.22}$$

方程(4.22)称为非地转 ω 方程，其中 $\boldsymbol{Q}^B$ 称为广义 $\boldsymbol{Q}$ 矢量。即：

$$\begin{aligned}\boldsymbol{Q}^B = & \frac{1}{2}\left[-\frac{\partial v}{\partial z}\frac{\partial u}{\partial x} + \frac{\partial u}{\partial z}\frac{\partial v}{\partial x} - \frac{\partial b}{\partial x}\frac{\partial u}{\partial x} - \frac{\partial b}{\partial y}\frac{\partial v}{\partial x}\right]\boldsymbol{i} + \\ & \frac{1}{2}\left[-\frac{\partial v}{\partial z}\frac{\partial u}{\partial y} + \frac{\partial u}{\partial z}\frac{\partial v}{\partial y} - \frac{\partial b}{\partial x}\frac{\partial u}{\partial y} - \frac{\partial b}{\partial y}\frac{\partial v}{\partial y}\right]\boldsymbol{j}\end{aligned} \tag{4.23}$$

在准地转假设下，即以地转风 u_g、v_g 代替实际风 u、v，同时，利用热成风关系，则式(4.23)广义 $\boldsymbol{Q}$ 矢量表达式就蜕变成准地转 $\boldsymbol{Q}$ 矢量表达式。

4.2.2 广义 Q 矢量表征的 ω 方程

采用替换平衡近似(假设 $\frac{\mathrm{d}}{\mathrm{d}t}\boldsymbol{\zeta}_{Ha} = 0$)，于是式(4.22)非地转 ω 方程就转化为：

$$\nabla_H \cdot (N^2 \nabla_H w) + f^2 \frac{\partial^2 w}{\partial z^2} = 2f\nabla_H \cdot \boldsymbol{Q}^B \tag{4.24}$$

上式称为替换平衡近似的 ω 方程。当 $\nabla_H \cdot \boldsymbol{Q}^B < 0$，则 $w > 0$，有上升运动；当 $\nabla_H \cdot \boldsymbol{Q}^B > 0$，则 $w < 0$，有下沉运动。

上述计算表达式可以通过以下关系式转换到 p 坐标中：$\frac{\partial}{\partial z} \equiv -\frac{g}{h\theta_0}\frac{\partial}{\partial p}$，$w \equiv$

$-(h\theta_0/g)\omega, N^2 \equiv (g/h\theta_0)^2\sigma$，其中，$h \equiv \frac{R}{p}\left(\frac{p}{P_0}\right)^{\frac{R}{c_p}}$，$\sigma \equiv -h\frac{\partial\theta}{\partial p}$。

4.3 广义 Q 矢量与垂直环流

方程式(4.23)和(4.24)描述了广义 **Q** 矢量与次级环流之间的关系，纬向和经向的垂直环流分别由广义 **Q** 矢量纬向和经向分量决定，任意方向垂直剖面上的垂直环流完全由 Q_x^B 和 Q_y^B 分量决定。对于 p 坐标系来讲，次级环流与广义 **Q** 矢量的方向之间的关系如图 4.1 所示：

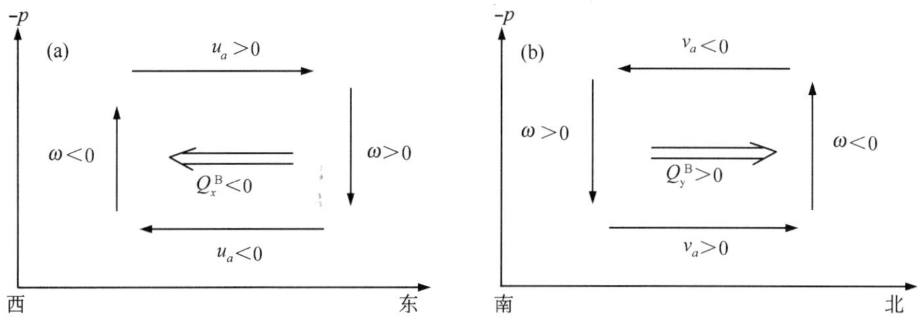

图 4.1 广义 **Q** 矢量与垂直环流的关系图

图 4.1a 所示为西部上升，东部下沉，高层向东，低层向西的纬向垂直环流，图 4.1b 所示为南部下沉，北部上升，高层向南，低层向北的经向垂直环流。

可见，广义 **Q** 矢量的方向总是指向气流上升区，而背向气流下沉区。广义 **Q** 矢量起到破坏热成风平衡的作用，这必然激发次级环流，使得大尺度大气进行调整，达到新的热成风平衡。

5　非地转干 Q 矢量

准地转 $\boldsymbol{Q}$ 矢量是在准地转近似假设下得到的，半地转 $\boldsymbol{Q}$ 矢量是在地转动量近似条件下得到的，因而都受到一定程度的限制，尤其是应用于次天气尺度运动和激烈天气系统中，存在明显不足。因此，有必要把 $\boldsymbol{Q}$ 矢量概念推广到原始方程中去。1991 年，Davies-Jones (1991)利用原始方程得到了类似于准地转 $\boldsymbol{Q}$ 矢量的广义 $\boldsymbol{Q}$ 矢量。1999 年，张兴旺(1999)也从原始方程出发，得到修改的 $\boldsymbol{Q}$ 矢量也即非地转干 $\boldsymbol{Q}$ 矢量。为了便于气象台站在业务工作中使用，本章将具体介绍 p 坐标系的非地转干 $\boldsymbol{Q}$ 矢量及其改进工作。值得注意的是，本章关于非地转 $\boldsymbol{Q}$ 矢量的推导工作是参照岳彩军(2009a)的研究成果，与张兴旺(1999)的研究工作有明显不同，但二者最终所得到非地转干 $\boldsymbol{Q}$ 矢量的计算表达式是一致的。

5.1　非地转干 $\boldsymbol{Q}$ 矢量及其 ω 方程

5.1.1　非地转干 Q 矢量表达式

准静力、绝热、无摩擦、f 平面 p 坐标系的原始方程组为：

$$\frac{\mathrm{d}v}{\mathrm{d}t}=-fu_a \tag{5.1}$$

$$\frac{\mathrm{d}u}{\mathrm{d}t}=fv_a \tag{5.2}$$

$$\frac{\partial \Phi}{\partial p}=-\alpha \tag{5.3}$$

$$\frac{\partial u}{\partial x}+\frac{\partial v}{\partial y}+\frac{\partial \omega}{\partial p}=0 \tag{5.4}$$

$$\frac{\mathrm{d}\theta}{\mathrm{d}t}=0 \tag{5.5}$$

其中 α 为比容，且 $\alpha=\dfrac{1}{\rho}=\dfrac{RT}{p}$。$\Phi$ 为重力位势，θ 为位温。$\dfrac{\mathrm{d}}{\mathrm{d}t}=\dfrac{\partial}{\partial t}+u\dfrac{\partial}{\partial x}+v\dfrac{\partial}{\partial y}+\omega\dfrac{\partial}{\partial p}$，$u_a=u-u_g$，$v_a=v-v_g$。其他均为常用气象符号。

令 $h=\dfrac{R}{p}\left(\dfrac{p}{1000}\right)^{\frac{R}{c_p}}$，且已知 $\theta=T\left(\dfrac{1000}{p}\right)^{\frac{R}{c_p}}$ 及 $p=\rho RT$，则

$$\theta = \frac{1}{h}\frac{RT}{p} = \frac{1}{h}\frac{1}{\rho} = \frac{1}{h}\alpha \tag{5.6}$$

将式(5.3)代入式(5.6)得：

$$\theta = -\frac{1}{h}\frac{\partial \Phi}{\partial p} \tag{5.7}$$

将式(5.7)代入式(5.5)得：

$$\frac{\mathrm{d}}{\mathrm{d}t}\left(\frac{1}{h}\frac{\partial \Phi}{\partial p}\right) = 0 \tag{5.8}$$

将式(5.1)展开得：

$$\frac{\partial v}{\partial t} + u\frac{\partial v}{\partial x} + v\frac{\partial v}{\partial y} + \omega\frac{\partial v}{\partial p} = -fu_a \tag{5.9}$$

对式(5.9)作 $f\frac{\partial}{\partial p}$ 处理，并利用$\frac{\mathrm{d}}{\mathrm{d}t} = \frac{\partial}{\partial t} + u\frac{\partial}{\partial x} + v\frac{\partial}{\partial y} + \omega\frac{\partial}{\partial p}$ 及式(5.4)，则得：

$$f\frac{\mathrm{d}}{\mathrm{d}t}\left(\frac{\partial v}{\partial p}\right) = f\left(\frac{\partial v}{\partial p}\frac{\partial u}{\partial x} - \frac{\partial u}{\partial p}\frac{\partial v}{\partial x}\right) - f^2\frac{\partial u_a}{\partial p} \tag{5.10}$$

类似地，将式(5.2)展开，并作 $f\frac{\partial}{\partial p}$ 处理，且利用 $\frac{\mathrm{d}}{\mathrm{d}t} = \frac{\partial}{\partial t} + u\frac{\partial}{\partial x} + v\frac{\partial}{\partial y} + \omega\frac{\partial}{\partial p}$ 及式(5.4)，则得：

$$f\frac{\mathrm{d}}{\mathrm{d}t}\left(\frac{\partial u}{\partial p}\right) = -f\left(\frac{\partial v}{\partial p}\frac{\partial u}{\partial y} - \frac{\partial u}{\partial p}\frac{\partial v}{\partial y}\right) + f^2\frac{\partial v_a}{\partial p} \tag{5.11}$$

将式(5.8)展开，并作 $\frac{\partial}{\partial x}$ 处理，可得：

$$\frac{1}{h}\frac{\partial}{\partial t}\left[\frac{\partial}{\partial x}\left(\frac{\partial \Phi}{\partial p}\right)\right] + \frac{1}{h}u\frac{\partial}{\partial x}\left[\frac{\partial}{\partial x}\left(\frac{\partial \Phi}{\partial p}\right)\right] + \frac{1}{h}\frac{\partial u}{\partial x}\frac{\partial}{\partial x}\left(\frac{\partial \Phi}{\partial p}\right) + \frac{1}{h}v\frac{\partial}{\partial y}\left[\frac{\partial}{\partial x}\left(\frac{\partial \Phi}{\partial p}\right)\right] + \frac{1}{h}\frac{\partial v}{\partial x}\frac{\partial}{\partial y}\left(\frac{\partial \Phi}{\partial p}\right) + \omega\frac{\partial}{\partial p}\left[\frac{1}{h}\frac{\partial}{\partial x}\left(\frac{\partial \Phi}{\partial p}\right)\right] + \frac{\partial \omega}{\partial x}\frac{\partial}{\partial p}\left(\frac{1}{h}\frac{\partial \Phi}{\partial p}\right) = 0 \tag{5.12}$$

且有，
$$\omega\frac{\partial}{\partial p}\left[\frac{1}{h}\frac{\partial}{\partial x}\left(\frac{\partial \Phi}{\partial p}\right)\right] = \frac{1}{h}\omega\frac{\partial}{\partial p}\left[\frac{\partial}{\partial x}\left(\frac{\partial \Phi}{\partial p}\right)\right] + \omega\frac{\partial}{\partial p}\left(\frac{1}{h}\right)\frac{\partial}{\partial p}\left(\frac{\partial \Phi}{\partial x}\right) \tag{5.13}$$

利用 $\frac{1}{h} = \rho\theta$ 及 $fv_g = \frac{\partial \Phi}{\partial x}$，则式(5.13)变为

$$\omega\frac{\partial}{\partial p}\left[\frac{1}{h}\frac{\partial}{\partial x}\left(\frac{\partial \Phi}{\partial p}\right)\right] = \frac{1}{h}\omega\frac{\partial}{\partial p}\left[\frac{\partial}{\partial x}\left(\frac{\partial \Phi}{\partial p}\right)\right] + \omega f\frac{\partial v_g}{\partial p}\left(\rho\frac{\partial \theta}{\partial p}\right) + \omega f\frac{\partial v_g}{\partial p}\left(\theta\frac{\partial \rho}{\partial p}\right) \tag{5.14}$$

略去小项 $\omega f\frac{\partial v_g}{\partial p}\left(\rho\frac{\partial \theta}{\partial p}\right)$、$\omega f\frac{\partial v_g}{\partial p}\left(\theta\frac{\partial \rho}{\partial p}\right)$，则式(5.14)变为

$$\omega\frac{\partial}{\partial p}\left[\frac{1}{h}\frac{\partial}{\partial x}\left(\frac{\partial \Phi}{\partial p}\right)\right] = \frac{1}{h}\omega\frac{\partial}{\partial p}\left[\frac{\partial}{\partial x}\left(\frac{\partial \Phi}{\partial p}\right)\right] \tag{5.15}$$

将式(5.15)代入式(5.12)，并整理得：

$$\frac{1}{h}\frac{\mathrm{d}}{\mathrm{d}t}\left[\frac{\partial}{\partial x}\left(\frac{\partial \Phi}{\partial p}\right)\right] + \frac{1}{h}\frac{\partial u}{\partial x}\frac{\partial}{\partial x}\left(\frac{\partial \Phi}{\partial p}\right) + \frac{1}{h}\frac{\partial v}{\partial x}\frac{\partial}{\partial y}\left(\frac{\partial \Phi}{\partial p}\right) + \frac{\partial \omega}{\partial x}\frac{\partial}{\partial p}\left(\frac{1}{h}\frac{\partial \Phi}{\partial p}\right) = 0 \tag{5.16}$$

将式(5.7)代入式(5.16),并利用 $fv_g = \frac{\partial \Phi}{\partial x}$,则得:

$$f\frac{\mathrm{d}}{\mathrm{d}t}\left(\frac{\partial v_g}{\partial p}\right) = h\frac{\partial u}{\partial x}\frac{\partial \theta}{\partial x} + h\frac{\partial v}{\partial x}\frac{\partial \theta}{\partial y} + h\frac{\partial \omega}{\partial x}\frac{\partial \theta}{\partial p} \tag{5.17}$$

类似地,将式(5.8)展开,并作 $\frac{\partial}{\partial y}$ 处理,同时,利用 $\frac{1}{h} = \rho\theta$ 及 $fu_g = -\frac{\partial \Phi}{\partial y}$,且略去小项 $\omega f\frac{\partial u_g}{\partial p}\left(\rho\frac{\partial \theta}{\partial p}\right)$、$\omega f\frac{\partial u_g}{\partial p}\left(\theta\frac{\partial \rho}{\partial p}\right)$,整理得:

$$\frac{1}{h}\frac{\mathrm{d}}{\mathrm{d}t}\left[\frac{\partial}{\partial y}\left(\frac{\partial \Phi}{\partial p}\right)\right] + \frac{1}{h}\frac{\partial u}{\partial y}\frac{\partial}{\partial x}\left(\frac{\partial \Phi}{\partial p}\right) + \frac{1}{h}\frac{\partial v}{\partial y}\frac{\partial}{\partial y}\left(\frac{\partial \Phi}{\partial p}\right) + \frac{\partial \omega}{\partial y}\frac{\partial}{\partial p}\left(\frac{1}{h}\frac{\partial \Phi}{\partial p}\right) = 0 \tag{5.18}$$

将式(5.7)代入式(5.18),并利用 $fu_g = -\frac{\partial \Phi}{\partial y}$,则得:

$$f\frac{\mathrm{d}}{\mathrm{d}t}\left(\frac{\partial u_g}{\partial p}\right) = -h\frac{\partial u}{\partial y}\frac{\partial \theta}{\partial x} - h\frac{\partial v}{\partial y}\frac{\partial \theta}{\partial y} - h\frac{\partial \omega}{\partial y}\frac{\partial \theta}{\partial p} \tag{5.19}$$

由式(5.10)减去式(5.17),并利用 $v_a = v - v_g$,且作 $\frac{\mathrm{d}}{\mathrm{d}t}\left(\frac{\partial v_a}{\partial p}\right) = 0$ 近似处理(Dutton, 1976),则得:

$$h\frac{\partial \theta}{\partial p}\frac{\partial \omega}{\partial x} + f^2\frac{\partial u_a}{\partial p} = f\left(\frac{\partial v}{\partial p}\frac{\partial u}{\partial x} - \frac{\partial u}{\partial p}\frac{\partial v}{\partial x}\right) - h\left(\frac{\partial u}{\partial x}\frac{\partial \theta}{\partial x} + \frac{\partial v}{\partial x}\frac{\partial \theta}{\partial y}\right) \tag{5.20}$$

由式(5.11)减去式(5.19),且利用 $u_a = u - u_g$,并作 $\frac{\mathrm{d}}{\mathrm{d}t}\left(\frac{\partial u_a}{\partial p}\right) = 0$ 近似处理(Dutton, 1976),则得:

$$h\frac{\partial \theta}{\partial p}\frac{\partial \omega}{\partial y} + f^2\frac{\partial v_a}{\partial p} = f\left(\frac{\partial v}{\partial p}\frac{\partial u}{\partial y} - \frac{\partial u}{\partial p}\frac{\partial v}{\partial y}\right) - h\left(\frac{\partial u}{\partial y}\frac{\partial \theta}{\partial x} + \frac{\partial v}{\partial y}\frac{\partial \theta}{\partial y}\right) \tag{5.21}$$

令 $\sigma = -h\frac{\partial \theta}{\partial p}$,则式(5.20)、式(5.21)变为:

$$\sigma\frac{\partial \omega}{\partial x} - f^2\frac{\partial u_a}{\partial p} = -\left[f\left(\frac{\partial v}{\partial p}\frac{\partial u}{\partial x} - \frac{\partial u}{\partial p}\frac{\partial v}{\partial x}\right) - h\left(\frac{\partial u}{\partial x}\frac{\partial \theta}{\partial x} + \frac{\partial v}{\partial x}\frac{\partial \theta}{\partial y}\right)\right] \tag{5.22}$$

$$\sigma\frac{\partial \omega}{\partial y} - f^2\frac{\partial v_a}{\partial p} = -\left[f\left(\frac{\partial v}{\partial p}\frac{\partial u}{\partial y} - \frac{\partial u}{\partial p}\frac{\partial v}{\partial y}\right) - h\left(\frac{\partial u}{\partial y}\frac{\partial \theta}{\partial x} + \frac{\partial v}{\partial y}\frac{\partial \theta}{\partial y}\right)\right] \tag{5.23}$$

令:

$$Q_x^G = \frac{1}{2}\left[f\left(\frac{\partial v}{\partial p}\frac{\partial u}{\partial x} - \frac{\partial u}{\partial p}\frac{\partial v}{\partial x}\right) - h\left(\frac{\partial u}{\partial x}\frac{\partial \theta}{\partial x} + \frac{\partial v}{\partial x}\frac{\partial \theta}{\partial y}\right)\right] \tag{5.24}$$

$$Q_y^G = \frac{1}{2}\left[f\left(\frac{\partial v}{\partial p}\frac{\partial u}{\partial y} - \frac{\partial u}{\partial p}\frac{\partial v}{\partial y}\right) - h\left(\frac{\partial u}{\partial y}\frac{\partial \theta}{\partial x} + \frac{\partial v}{\partial y}\frac{\partial \theta}{\partial y}\right)\right] \tag{5.25}$$

$$\boldsymbol{Q}^G = Q_x^G\boldsymbol{i} + Q_y^G\boldsymbol{j} \tag{5.26}$$

将式(5.24)、式(5.25)代入式(5.26),则得:

$$\boldsymbol{Q}^{G}=\frac{1}{2}\left[f\left(\frac{\partial v}{\partial p}\frac{\partial u}{\partial x}-\frac{\partial u}{\partial p}\frac{\partial v}{\partial x}\right)-h\left(\frac{\partial u}{\partial x}\frac{\partial \theta}{\partial x}+\frac{\partial v}{\partial x}\frac{\partial \theta}{\partial y}\right)\right]\boldsymbol{i}+\frac{1}{2}\left[f\left(\frac{\partial v}{\partial p}\frac{\partial u}{\partial y}-\frac{\partial u}{\partial p}\frac{\partial v}{\partial y}\right)-h\left(\frac{\partial u}{\partial y}\frac{\partial \theta}{\partial x}+\frac{\partial v}{\partial y}\frac{\partial \theta}{\partial y}\right)\right]\boldsymbol{j} \tag{5.27}$$

式(5.27)即为非地转干 $\boldsymbol{Q}$ 矢量（$\boldsymbol{Q}^{G}$）计算表达式。值得注意的是，在非地转干 $\boldsymbol{Q}$ 矢量表达式中各计算项都包含实际风，这与准地转 $\boldsymbol{Q}$ 矢量及半地转 $\boldsymbol{Q}$ 矢量有显著不同。

5.1.2 非地转干 $\boldsymbol{Q}$ 矢量表征的 ω 方程

将式(5.24)、式(5.25)分别代入式(5.22)、式(5.23)，则得：

$$\sigma\frac{\partial \omega}{\partial x}-f^{2}\frac{\partial u_{a}}{\partial p}=-2Q_{x}^{G} \tag{5.28}$$

$$\sigma\frac{\partial \omega}{\partial y}-f^{2}\frac{\partial v_{a}}{\partial p}=-2Q_{y}^{G} \tag{5.29}$$

作 $\frac{\partial}{\partial x}$ 式(5.28)＋ $\frac{\partial}{\partial y}$ 式(5.29)运算得：

$$\sigma\left(\frac{\partial^{2}\omega}{\partial x^{2}}+\frac{\partial^{2}\omega}{\partial y^{2}}\right)-f^{2}\frac{\partial}{\partial p}\left(\frac{\partial u_{a}}{\partial x}+\frac{\partial v_{a}}{\partial y}\right)=-2\left(\frac{\partial Q_{x}^{G}}{\partial x}+\frac{\partial Q_{y}^{G}}{\partial y}\right) \tag{5.30}$$

利用 $\frac{\partial u}{\partial x}+\frac{\partial v}{\partial y}+\frac{\partial \omega}{\partial p}=0$，$u_{a}=u-u_{g}$，$v_{a}=v-v_{g}$ 及 $\frac{\partial u_{g}}{\partial x}+\frac{\partial v_{g}}{\partial y}=0$，可得：

$$\frac{\partial u_{a}}{\partial x}+\frac{\partial v_{a}}{\partial y}=-\frac{\partial \omega}{\partial p} \tag{5.31}$$

利用式(5.31)，则式(5.30)可改写为：

$$\sigma\nabla^{2}\omega+f^{2}\frac{\partial^{2}\omega}{\partial p^{2}}=-2\,\nabla\cdot\boldsymbol{Q}^{G} \tag{5.32}$$

假设 σ 在水平面上为常数即与 x、y 无关，则式(5.32)可改写为：

$$\nabla^{2}(\sigma\omega)+f^{2}\frac{\partial^{2}\omega}{\partial p^{2}}=-2\,\nabla\cdot\boldsymbol{Q}^{G} \tag{5.33}$$

式(5.33)即以 $\boldsymbol{Q}^{G}$ 矢量散度为强迫项的非地转 ω 方程表达式。

式(5.33)描述了非地转干 $\boldsymbol{Q}$ 矢量散度与次级环流的关系：由于非地转干 $\boldsymbol{Q}$ 矢量散度存在，必然要激发次级环流，使大尺度运动进行调整，以抵消热成风效应。随着次级环流的增强，最后使式(5.28)和式(5.29)的等号两边达到平衡状态，也就是大尺度运动建立了新的热成风平衡。实际大气就是在热成风平衡不断被破坏，非地转干 $\boldsymbol{Q}$ 矢量散度激发次级环流，使大尺度运动进行调整，重新建立热成风平衡的反复过程。在这些过程中，非地转干 $\boldsymbol{Q}$ 矢量起着重要的作用。

由于非地转干 $\boldsymbol{Q}$ 矢量是非地转的，不受准地转平衡条件或地转动量近似条件的约束，完全利用实际风计算，所以，它既可以用于低纬度地区，也可以用于次天气尺度运动和激烈的天气系统。这是非地转干 $\boldsymbol{Q}$ 矢量比准地转 $\boldsymbol{Q}$ 矢量、半地转 $\boldsymbol{Q}$ 矢量优越的地方。

5.2 非地转干 Q 矢量与垂直环流

方程式(5.28)和(5.29)描述了非地转干 Q 矢量与次级环流之间的关系，由此可知，纬向和经向的垂直环流分别由非地转干 Q 矢量纬向和经向分量决定，任意方向垂直剖面上的垂直环流完全由 Q_x^G 和 Q_y^G 分量决定，次级环流与非地转干 Q 矢量的方向之间的关系如图 5.1 所示：

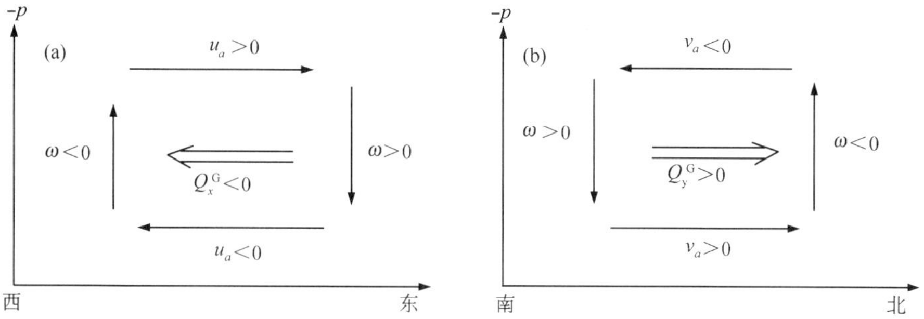

图 5.1 非地转干 Q 矢量与垂直环流的关系图

图 5.1a 所示为西部上升，东部下沉，高层向东，低层向西的纬向垂直环流。图 5.1b 所示为南部下沉，北部上升，高层向南，低层向北的经向垂直环流。

可见，非地转干 Q 矢量的方向总是指向气流上升区，而背向气流下沉区。非地转干 Q 矢量使得由流场和温度场所组成的热成风关系发生变化，因而总是起到破坏热成风平衡的作用，这必然激发次级环流，对大尺度大气进行调整以达到新的热成风平衡。

5.3 非地转干 Q 矢量的改进

分析非地转干 Q 矢量的计算表达式(5.24)及(5.25)很容易发现，计算某一层的非地转干 Q 矢量，需要用到其相邻上下层的气象要素。岳彩军(2008)及 Yue(2009a)对非地转干 Q 矢量进行了修改、处理，所得到的 Q 矢量计算仅需要一层气象要素。

实际上，式(5.24)、式(5.25)可分别表示为：

$$Q_x^G=\frac{1}{2}\left[f\left(\frac{\partial v}{\partial p}\frac{\partial u}{\partial x}-\frac{\partial u}{\partial p}\frac{\partial v}{\partial x}\right)-\left(\frac{\partial u}{\partial x}\frac{\partial \alpha}{\partial x}+\frac{\partial v}{\partial x}\frac{\partial \alpha}{\partial y}\right)\right] \tag{5.34}$$

$$Q_y^G=\frac{1}{2}\left[f\left(\frac{\partial v}{\partial p}\frac{\partial u}{\partial y}-\frac{\partial u}{\partial p}\frac{\partial v}{\partial y}\right)-\left(\frac{\partial u}{\partial y}\frac{\partial \alpha}{\partial x}+\frac{\partial v}{\partial y}\frac{\partial \alpha}{\partial y}\right)\right] \tag{5.35}$$

其中 $\alpha=\frac{1}{\rho}=\frac{RT}{P}$。Dutton(1976)曾指出，替换平衡近似用地转风垂直切变代替实际风垂直切变，要比用地转风代替实际风更为精确。于是令 $\frac{\partial u}{\partial p}\approx\frac{\partial u_g}{\partial p}$，$\frac{\partial v}{\partial p}\approx\frac{\partial v_g}{\partial p}$，则式(5.34)、式(5.35)可分别记为：

$$Q_x^N = \frac{1}{2}\left[\frac{\partial(fv_g)}{\partial p}\frac{\partial u}{\partial x} - \frac{\partial(fu_g)}{\partial p}\frac{\partial v}{\partial x} - \left(\frac{\partial u}{\partial x}\frac{\partial \alpha}{\partial x} + \frac{\partial v}{\partial x}\frac{\partial \alpha}{\partial y}\right)\right] \tag{5.36}$$

$$Q_y^N = \frac{1}{2}\left[\frac{\partial(fv_g)}{\partial p}\frac{\partial u}{\partial y} - \frac{\partial(fu_g)}{\partial p}\frac{\partial v}{\partial y} - \left(\frac{\partial u}{\partial y}\frac{\partial \alpha}{\partial x} + \frac{\partial v}{\partial y}\frac{\partial \alpha}{\partial y}\right)\right] \tag{5.37}$$

其中，将经转化、处理后的非地转干 $\boldsymbol{Q}$ 矢量记为 $\boldsymbol{Q}^N$，且 Q_x^N 和 Q_y^N 分别为 $\boldsymbol{Q}^N$ 在 x 方向和 y 方向分量。

利用地转风平衡关系 $fv_g = \frac{\partial \Phi}{\partial x}$ 和 $fu_g = -\frac{\partial \Phi}{\partial y}$，以及将 $\frac{\partial \Phi}{\partial p} = -\alpha$ 代入，且整理合并式(5.36)、式(5.37)得到

$$\boldsymbol{Q}^N = (Q_x^N, Q_y^N) = -\boldsymbol{i}\left(\frac{\partial u}{\partial x}\frac{\partial \alpha}{\partial x} + \frac{\partial v}{\partial x}\frac{\partial \alpha}{\partial y}\right) - \boldsymbol{j}\left(\frac{\partial u}{\partial y}\frac{\partial \alpha}{\partial x} + \frac{\partial v}{\partial y}\frac{\partial \alpha}{\partial y}\right) \tag{5.38}$$

式(5.38)即为 $\boldsymbol{Q}^N$ 矢量的计算表达式。如果用地转风代替实际风，则 $\boldsymbol{Q}^N$ 矢量就完全退化为 Hoskins 等(1978)所定义的准地转 $\boldsymbol{Q}$ 矢量。

经比较和分析，$\boldsymbol{Q}^N$ 矢量与 $\boldsymbol{Q}^G$ 矢量具有相似的诊断能力，不仅能用于研究大尺度特征明显的天气过程，也能用于诊断分析中尺度特征明显的天气过程。

6 非地转湿 Q 矢量

对于准地转 Q 矢量、半地转 Q 矢量、广义 Q 矢量以及非地转干 Q 矢量来讲，它们都没有考虑非绝热加热作用，因此，都属于“干”的 Q 矢量，而实际大气并非是绝热的。为了能较真实地反映大气状况，1998 年，张兴旺(1998a)在考虑了大气凝结潜热作用的情况下，提出湿 Q 矢量概念，并由非绝热的原始方程组出发，推导出非地转的湿 Q 矢量表达式以及用湿 Q 矢量散度作唯一强迫项的非地转方程。接着，姚秀萍等(2000，2001)及 Yao 等(2004)采用与张兴旺(1998a)不同的推导方法，得到非地转湿 Q 矢量、完全 Q 矢量。二者虽然采用数学处理及推导方法是不同的，但所得到的 Q 矢量计算表达式是相同的，即湿 Q 矢量、非地转湿 Q 矢量以及完全 Q 矢量在本质上是等同的，它们具有相同的计算表达式。本章对非地转湿 Q 矢量推导工作的介绍主要基于姚秀萍等(2000，2001)及 Yao 等(2004)研究成果，简而言之，考虑大气水汽的凝结作用，从包含非绝热效应的“p”坐标系原始方程出发，直接通过方程各项的量级比较，对方程尺度分离后进行简化，得到非地转湿 Q 矢量。同时，本章也将具体介绍对非地转湿 Q 矢量的相关改进工作。此处还将介绍彭春华等(1999)提出的有关 Q 矢量中非绝热效应的隐式处理工作。最后，介绍岳彩军等(2007a)发展的一种可用于定量降水预报(QPF)的湿 Q 矢量释用($Q^{*}VIP$)技术。

6.1 非地转湿 Q 矢量及其 ω 方程

6.1.1 非地转湿 Q 矢量表达式

考虑水汽、非绝热作用的准静力平衡、无黏性摩擦、f 面上“p”坐标系的原始动力学方程组如下：

$$\frac{\mathrm{d}u}{\mathrm{d}t} = fv_a \tag{6.1}$$

$$\frac{\mathrm{d}v}{\mathrm{d}t} = - fu_a \tag{6.2}$$

$$\frac{\mathrm{d}\Phi}{\mathrm{d}p} = - \alpha \tag{6.3}$$

$$\frac{\partial u}{\partial x} + \frac{\partial v}{\partial y} + \frac{\partial \omega}{\partial p} = 0 \tag{6.4}$$

$$\frac{\mathrm{d}\theta}{\mathrm{d}t}=H \tag{6.5}$$

其中 $H=-\frac{L}{c_p}\pi\omega\frac{\partial q_s}{\partial p}$，$\pi=\left(\frac{1000}{p}\right)^{\frac{R}{c_p}}$，其他为气象上常用物理量参数。

式(6.1)对 p 求导后乘以 f，可得：

$$f\frac{\mathrm{d}}{\mathrm{d}t}\left(\frac{\partial u}{\partial p}\right)=-f\left(\frac{\partial v}{\partial p}\frac{\partial u}{\partial y}-\frac{\partial v}{\partial y}\frac{\partial u}{\partial p}\right)+f^2\frac{\partial v_a}{\partial p} \tag{6.6}$$

式(6.2)对 p 求导后乘以 f，可得：

$$f\frac{\mathrm{d}}{\mathrm{d}t}\left(\frac{\partial v}{\partial p}\right)=f\left(\frac{\partial v}{\partial p}\frac{\partial u}{\partial x}-\frac{\partial v}{\partial x}\frac{\partial u}{\partial p}\right)-f^2\frac{\partial u_a}{\partial p} \tag{6.7}$$

式(6.5)对 x 求导可得：

$$\frac{\mathrm{d}}{\mathrm{d}t}\left(\frac{\partial\theta}{\partial x}\right)=\frac{\partial H}{\partial x}-\frac{\partial \mathbf{V}_h}{\partial x}\cdot\nabla_h\theta-\frac{\partial\omega}{\partial x}\frac{\partial\theta}{\partial p} \tag{6.8}$$

其中 $\mathbf{V}_h=u\boldsymbol{i}+v\boldsymbol{j}$，$\nabla_h=\frac{\partial}{\partial x}\boldsymbol{i}+\frac{\partial}{\partial y}\boldsymbol{j}$

已知：$\theta=T\left(\frac{1000}{p}\right)^{\frac{R}{c_p}}$ 及 $p=\rho RT$，则有：$\theta=\frac{p}{\rho R}\left(\frac{1000}{p}\right)^{\frac{R}{c_p}}$

定义：$h=\frac{R}{p}\left(\frac{p}{1000}\right)^{\frac{R}{c_p}}$，因此：$\theta=\frac{1}{\rho h}=-\frac{1}{h}\frac{\partial\Phi}{\partial p}$

利用 $v_g=\frac{1}{f}\frac{\partial\Phi}{\partial x}$，式(6.8)的左边可写为：

$$\frac{\mathrm{d}}{\mathrm{d}t}\left(\frac{\partial\theta}{\partial x}\right)=-\left[\frac{\partial}{\partial t}\left(\frac{f}{h}\frac{\partial v_g}{\partial p}\right)+u\frac{\partial}{\partial x}\left(\frac{f}{h}\frac{\partial v_g}{\partial p}\right)+v\frac{\partial}{\partial y}\left(\frac{f}{h}\frac{\partial v_g}{\partial p}\right)+\omega\frac{\partial}{\partial p}\left(\frac{f}{h}\frac{\partial v_g}{\partial p}\right)\right] \tag{6.9}$$

因为 h 是 p 的函数，且 $h=\frac{1}{\rho\theta}$，所以式(6.9)的最后一项可以表达为：

$$\omega\frac{\partial v_g}{\partial p}\frac{\partial}{\partial p}\left(\frac{f}{h}\right)=\omega f\frac{\partial v_g}{\partial p}\frac{\partial}{\partial p}(\rho\theta)=\omega f\frac{\partial v_g}{\partial p}\left(\rho\frac{\partial\theta}{\partial p}+\theta\frac{\partial\rho}{\partial p}\right) \tag{6.10}$$

将式(6.10)代入式(6.9)可得：

$$\begin{aligned}\frac{\mathrm{d}}{\mathrm{d}t}\left(\frac{\partial\theta}{\partial x}\right)=-\Big[&\frac{\partial}{\partial t}\left(\frac{f}{h}\frac{\partial v_g}{\partial p}\right)+u\frac{\partial}{\partial x}\left(\frac{f}{h}\frac{\partial v_g}{\partial p}\right)+v\frac{\partial}{\partial y}\left(\frac{f}{h}\frac{\partial v_g}{\partial p}\right)+\\&\omega\frac{f}{h}\frac{\partial}{\partial p}\left(\frac{\partial v_g}{\partial p}\right)+\omega f\rho\frac{\partial v_g}{\partial p}\left(\frac{\partial\theta}{\partial p}\right)+\omega f\theta\frac{\partial v_g}{\partial p}\left(\frac{\partial\rho}{\partial p}\right)\Big]\end{aligned} \tag{6.11}$$

对于中尺度系统，取 $\mathrm{U}\sim10^1$，$\omega\sim10^{-4}$，$\rho\sim10^0$，$\mathrm{P}\sim10^5$，$\mathrm{L}\sim10^5$，$f\sim10^{-4}$，$\theta\sim10^2$。通过量级比较可知，式(6.11)右边的最后两项的量级比其他项小 $10^{-4}\sim10^{-5}$，可略去。于是，方程式(6.9)变为：

$$\frac{\mathrm{d}}{\mathrm{d}t}\left(\frac{\partial\theta}{\partial x}\right)=-\left[\frac{f}{h}\frac{\mathrm{d}}{\mathrm{d}t}\left(\frac{\partial v_g}{\partial p}\right)\right] \tag{6.12}$$

这样，方程式(6.8)变为：

$$-\frac{f}{h}\frac{\mathrm{d}}{\mathrm{d}t}\left(\frac{\partial v_g}{\partial p}\right)=\frac{\partial H}{\partial x}-\frac{\partial \mathbf{V}}{\partial x}\cdot\nabla\theta-\frac{\partial\omega}{\partial x}\frac{\partial\theta}{\partial p} \tag{6.13}$$

同理，方程式(6.5)对 y 求导，并利用 $u_g=-\dfrac{1}{f}\dfrac{\partial\Phi}{\partial y}$，可得到：

$$\frac{f}{h}\frac{\mathrm{d}}{\mathrm{d}t}\left(\frac{\partial u_g}{\partial p}\right)=\frac{\partial H}{\partial y}-\frac{\partial \mathbf{V}}{\partial y}\cdot\nabla\theta-\frac{\partial\omega}{\partial y}\frac{\partial\theta}{\partial p} \tag{6.14}$$

方程式(6.7)除以 h 后与方程式(6.13)相加，并利用 $v_a=v-v_g$，可得：

$$\frac{f}{h}\frac{\mathrm{d}}{\mathrm{d}t}\left(\frac{\partial v_a}{\partial p}\right)=\frac{f}{h}\left(\frac{\partial v}{\partial p}\frac{\partial u}{\partial x}-\frac{\partial v}{\partial x}\frac{\partial u}{\partial p}\right)-\frac{f^2}{h}\frac{\partial u_a}{\partial p}+\frac{\partial H}{\partial x}-\frac{\partial \mathbf{V}}{\partial x}\cdot\nabla\theta-\frac{\partial\omega}{\partial x}\frac{\partial\theta}{\partial p} \tag{6.15}$$

方程式(6.6)除以 h 后与方程式(6.14)相加，并利用 $u_a=u-u_g$，可得：

$$\frac{f}{h}\frac{\mathrm{d}}{\mathrm{d}t}\left(\frac{\partial u_a}{\partial p}\right)=-\frac{f}{h}\left(\frac{\partial v}{\partial p}\frac{\partial u}{\partial y}-\frac{\partial v}{\partial y}\frac{\partial u}{\partial p}\right)+\frac{f^2}{h}\frac{\partial v_a}{\partial p}-\frac{\partial H}{\partial y}+\frac{\partial \mathbf{V}}{\partial y}\cdot\nabla\theta+\frac{\partial\omega}{\partial y}\frac{\partial\theta}{\partial p} \tag{6.16}$$

作替换平衡近似(Dutton，1976)：$\dfrac{\mathrm{d}}{\mathrm{d}t}\left(\dfrac{\partial u_a}{\partial p}\right)=0$，$\dfrac{\mathrm{d}}{\mathrm{d}t}\left(\dfrac{\partial v_a}{\partial p}\right)=0$，则方程式(6.15)和(6.16)变为：

$$f\left(\frac{\partial v}{\partial p}\frac{\partial u}{\partial x}-\frac{\partial v}{\partial x}\frac{\partial u}{\partial p}\right)-f^2\frac{\partial u_a}{\partial p}+h\frac{\partial H}{\partial x}-h\frac{\partial \mathbf{V}}{\partial x}\cdot\nabla\theta-h\frac{\partial\omega}{\partial x}\frac{\partial\theta}{\partial p}=0 \tag{6.17}$$

$$f\left(\frac{\partial v}{\partial p}\frac{\partial u}{\partial y}-\frac{\partial v}{\partial y}\frac{\partial u}{\partial p}\right)-f^2\frac{\partial v_a}{\partial p}+h\frac{\partial H}{\partial y}-h\frac{\partial \mathbf{V}}{\partial y}\cdot\nabla\theta-h\frac{\partial\omega}{\partial y}\frac{\partial\theta}{\partial p}=0 \tag{6.18}$$

令 $\sigma=-h\dfrac{\partial\theta}{\partial p}$，方程式(6.17) 和(6.18)可以变为：

$$f\left(\frac{\partial v}{\partial p}\frac{\partial u}{\partial x}-\frac{\partial v}{\partial x}\frac{\partial u}{\partial p}\right)-h\frac{\partial \mathbf{V}}{\partial x}\cdot\nabla\theta+\frac{\partial(hH)}{\partial x}=f^2\frac{\partial u_a}{\partial p}-\sigma\frac{\partial\omega}{\partial x} \tag{6.19}$$

$$f\left(\frac{\partial v}{\partial p}\frac{\partial u}{\partial y}-\frac{\partial v}{\partial y}\frac{\partial u}{\partial p}\right)-h\frac{\partial \mathbf{V}}{\partial y}\cdot\nabla\theta+\frac{\partial(hH)}{\partial y}=f^2\frac{\partial v_a}{\partial p}-\sigma\frac{\partial\omega}{\partial y} \tag{6.20}$$

定义：

$$Q_x^*=\frac{1}{2}\left[f\left(\frac{\partial v}{\partial p}\frac{\partial u}{\partial x}-\frac{\partial v}{\partial x}\frac{\partial u}{\partial p}\right)-h\frac{\partial \mathbf{V}}{\partial x}\cdot\nabla\theta+\frac{\partial(hII)}{\partial x}\right] \tag{6.21}$$

$$Q_y^*=\frac{1}{2}\left[f\left(\frac{\partial v}{\partial p}\frac{\partial u}{\partial y}-\frac{\partial v}{\partial y}\frac{\partial u}{\partial p}\right)-h\frac{\partial \mathbf{V}}{\partial y}\cdot\nabla\theta+\frac{\partial(hH)}{\partial y}\right] \tag{6.22}$$

定义非地转湿 Q 矢量为 $\boldsymbol{Q}^*=(Q_x^*,Q_y^*)$，从式(6.21)、(6.22)可知，非地转湿 Q 矢量取决于风的水平和垂直切变的差异效应，风的水平梯度和温度梯度的乘积及非绝热效应，其中 Q_x^* 和 Q_y^* 为 x 方向和 y 方向的非地转湿 Q 矢量分量。对于 Q_x^* 及 Q_y^* 来讲，如果不考虑凝结潜热的作用，即 $H=0$，且用地转风代替实测风，则非地转湿 Q 矢量的表达式只剩下第一项，即退化为 Hoskins 等(1978)所描述的准地转 Q 矢量的表达式。

6.1.2 非地转湿 Q 矢量表征的 ω 方程

利用式(6.19)和式(6.20)，则方程式(6.21)和(6.22)可以写为：

$$Q_x^*=\frac{1}{2}\left(f^2\frac{\partial u_a}{\partial p}-\sigma\frac{\partial\omega}{\partial x}\right) \tag{6.23}$$

$$Q_y^* = \frac{1}{2}\left(f^2 \frac{\partial v_a}{\partial p} - \sigma \frac{\partial \omega}{\partial y}\right) \tag{6.24}$$

方程式(6.23)和(6.24)分别对 x 和 y 求导后相加得到：

$$\frac{\partial Q_x^*}{\partial x} + \frac{\partial Q_y^*}{\partial y} = -\frac{1}{2}\left(f^2 \frac{\partial^2 \omega}{\partial p^2} + \sigma \nabla^2 \omega\right) \tag{6.25}$$

令：

$$\frac{\partial Q_x^*}{\partial x} + \frac{\partial Q_y^*}{\partial y} = \nabla \cdot \boldsymbol{Q}^*$$

定义 $\nabla \cdot \boldsymbol{Q}^*$ 为非地转湿 **Q** 矢量散度，则式(6.25)变为：

$$f \frac{\partial^2 \omega}{\partial p^2} + \nabla^2 (\sigma\omega) = -2 \nabla \cdot \boldsymbol{Q}^* \tag{6.26}$$

式(6.26)为以非地转湿 **Q** 矢量散度为唯一强迫项的非地转非绝热 ω 方程。如果大气的垂直运动是一种波动形式，根据任何波动形式物理量的拉普拉斯与该物理量本身负值成正比的关系，因而有 ω 正比于 $\nabla \cdot \boldsymbol{Q}^*$，可以推导出 $\nabla \cdot \boldsymbol{Q}^* < 0$ 时，$\omega < 0$ 为上升运动，反之，则为下沉运动。

6.2 非地转湿 Q 矢量与垂直环流

方程式(6.23)和(6.24)描述了非地转湿 **Q** 矢量与次级环流之间的关系，由此可知，纬向和经向的垂直环流分别由非地转湿 **Q** 矢量的纬向和经向分量决定，任意方向垂直剖面上的垂直环流完全由 Q_x^* 和 Q_y^* 分量决定，次级环流与非地转湿 **Q** 矢量的方向之间的关系如图 6.1 所示：

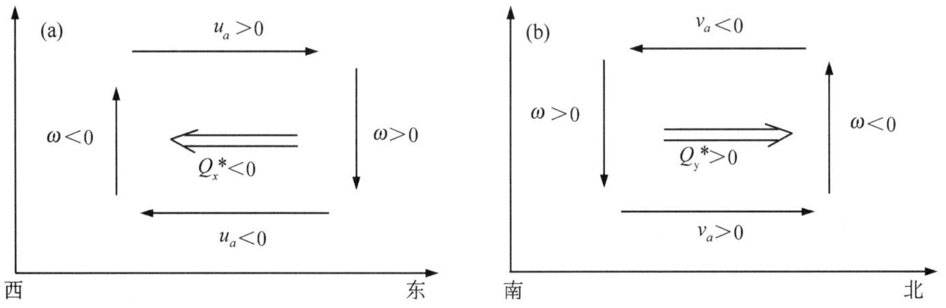

图 6.1 非地转湿 Q 矢量与垂直环流的关系图

图 6.1a 所示为西部上升，东部下沉，高层向东，低层向西的纬向垂直环流。图 6.1b 所示为南部下沉，北部上升，高层向南，低层向北的经向垂直环流。

可见，非地转湿 **Q** 矢量的方向总是指向气流上升区，而背向气流下沉区。非地转湿 **Q** 矢量使得流场和温度场的热成风关系发生变化，因而总是起到破坏热成风平衡的作用，必然激发次级环流，使得大尺度大气进行调整，重新达到新的热成风平衡。

6.3 大尺度凝结加热 H_L 的计算处理

对于方程式(6.21)和(6.22)来讲，所包含的非绝热加热项为大尺度凝结加热 H_L。对于 H_L 来说，为了数学上的简化，假定凝结过程是假绝热的，即全部凝结产物以降水方式落到该系统之外，因而单位时间内，在空气的单位质量中释放的潜热为 $-L\dfrac{dq_s}{dt}$，其中 q_s 为饱和比湿，L 为凝结潜热。参照丁一汇(1989)及张兴旺(1998a)研究成果，具体计算处理方法如下：

对于稳定区域，大尺度凝结加热率 H_L 必须满足三个条件：

(a)大气是绝对稳定的，可由右两式确定：$-\dfrac{\partial\theta}{\partial p}>0$，$-\dfrac{\partial\theta_e}{\partial p}>0$。

(b)在计算的层次中，大气是饱和或近似饱和，即 $\dfrac{q}{q_s}>0.8$。

(c)在该层存在上升运动，即 $\omega<0$。

在上述条件之下，稳定性加热率取决于饱和比湿的时间变化率。另外，在上升运动区，饱和比湿的时间变化可近似取为 $\dfrac{\mathrm{d}q_s}{\mathrm{d}t}\approx\omega\dfrac{\partial q_s}{\partial p}$，于是大尺度潜热加热率 H_L 可表示为

$$H_L=-L\frac{\mathrm{d}q_s}{\mathrm{d}t}\approx-L\omega\frac{\partial q_s}{\partial p} \tag{6.27}$$

其中饱和比湿

$$q_s=0.622\frac{e_s}{p} \tag{6.28}$$

式(6.28)中

$$e_s=6.11\exp\left[\frac{a(T-273.16)}{T-b}\right] \tag{6.29}$$

式(6.29)中 e_s 为饱和水汽压，$a=17.1543$，$b=36$。

对式(6.28)作 $\dfrac{\partial}{\partial p}$ 运算，可得：

$$\frac{\partial q_s}{\partial p}=-\frac{0.622e_s}{p^2}+\frac{0.622}{p}\frac{\partial e_s}{\partial p} \tag{6.30}$$

因为

$$\frac{\partial e_s}{\partial p}=e_s\cdot C\cdot\frac{\partial T}{\partial p} \tag{6.31}$$

其中 $C=\dfrac{a}{T-b}-\dfrac{a(T-273.16)}{(T-b)^2}=\dfrac{a(273.16-b)}{(T-b)^2}$，将式(6.31)代入式(6.30)则有：

$$\frac{\partial q_s}{\partial p}=q_s\left(-\frac{1}{p}+C\cdot\frac{\partial T}{\partial p}\right) \tag{6.32}$$

$\dfrac{\partial q_s}{\partial p}$ 代表沿一局地湿绝热线的饱和比湿的垂直坡度。

另外，由于沿一条湿绝热曲线湿静力能量是守恒的，则得：

$$E_s=gz_s+c_pT+Lq_s \tag{6.33}$$

对式(6.33)作 $\dfrac{\partial}{\partial p}$ 处理，则沿着局地参考湿绝热线有：

$$0=g\frac{\partial z_s}{\partial p}+c_p\frac{\partial T}{\partial p}+L\frac{\partial q_s}{\partial p} \text{ 或 } 0=-\frac{RT_v}{p}+c_p\frac{\partial T}{\partial p}+L\frac{\partial q_s}{\partial p}$$

其中 $T_v = T(1+0.608q_s)$ 称为虚温。

于是有：

$$\frac{\partial T}{\partial p}=\frac{RT_v}{c_p p}-\frac{L}{c_p}\frac{\partial q_s}{\partial p} \tag{6.34}$$

把式(6.34)代入式(6.32)，则有：

$$\frac{\partial q_s}{\partial p}=\frac{(CRT_v-c_p)q_s}{(CLq_s+c_p)p} \tag{6.35}$$

于是可得：

$$H_L \approx -L\omega\frac{(CRT_v-c_p)q_s}{(CLq_s+c_p)p}=-\frac{L\omega[a(273.16-b)RT(1+0.608q_s)-c_p(T-b)^2]q_s}{[a(273.16-b)Lq_s+c_p(T-b)^2]p} \tag{6.36}$$

上述计算中，T 为温度，单位为 K；e_s、p 单位为 hPa；q_s 单位为 g/g。其他为气象上常用物理量参数。

6.4 非地转湿 Q 矢量的改进

由 6.1 节中非地转湿 **Q** 矢量（湿 **Q** 矢量）的计算公式可知，对非绝热加热作用来讲，湿 **Q** 矢量仅包含了大尺度凝结加热作用。同时也注意到，计算某层湿 **Q** 矢量需要用到其相邻上下两层资料。针对上述问题又开展了对湿 **Q** 矢量的修改与完善工作，进一步增强了湿 **Q** 矢量的诊断和应用能力。下面进行具体介绍。

6.4.1 改进方案一

2003 年，岳彩军等(2003a)在考虑大气中大尺度凝结加热 H_L 作用的同时，也将对流凝结加热 H_C 的作用，这一重要非绝热加热信息考虑进去，从而实现对湿 **Q** 矢量的修改与完善工作，并将修改后的湿 **Q** 矢量记为 $\boldsymbol{Q}^M$，且 $\boldsymbol{Q}^M = Q_x^M\boldsymbol{i}+Q_y^M\boldsymbol{j}$，其中，

$$Q_x^M=\frac{1}{2}\left[f\left(\frac{\partial v}{\partial p}\frac{\partial u}{\partial x}-\frac{\partial u}{\partial p}\frac{\partial v}{\partial x}\right)-h\frac{\partial \boldsymbol{V}}{\partial x}\cdot\nabla\theta+\frac{R}{c_p p}\frac{\partial}{\partial x}(H_L+H_C)\right] \tag{6.37}$$

$$Q_y^M=\frac{1}{2}\left[f\left(\frac{\partial v}{\partial p}\frac{\partial u}{\partial y}-\frac{\partial u}{\partial p}\frac{\partial v}{\partial y}\right)-h\frac{\partial \boldsymbol{V}}{\partial y}\cdot\nabla\theta+\frac{R}{c_p p}\frac{\partial}{\partial y}(H_L+H_C)\right] \tag{6.38}$$

式中 Q_x^M、Q_y^M 分别为 x 方向和 y 方向 $\boldsymbol{Q}^M$ 分量；$h=\frac{R}{P}\left(\frac{P}{1000}\right)^{R/c_p}$，$\boldsymbol{V}$ 代表水平风场 (u,v)，H_L、H_C 分别为大尺度凝结加热和对流凝结加热，其他为气象上常用物理量。大尺度凝结加热 H_L 的计算处理参见 6.3 节。下面主要介绍对流凝结加热 H_C 的计算处理方法。

为了计算对流降水加热率 H_C，岳彩军等(2003a)采用 Kuo(1965)和 Kuo(1974)的积云对流参数化方案，在大气层结为条件性不稳定（$\frac{\partial\theta_{se}}{\partial p}>0$）和整个气柱有水汽通量辐合

$(I > 0)$ 的条件下，求取对流加热率 H_C 为：

$$H_C = c_p \Delta T \tag{6.39}$$

上式中 ΔT 为各层增温率，在梅雨锋的连续云带中，可不考虑空气的增湿作用，这样在 $T_s > T$ 的情况下有 $\Delta T = \dfrac{gLI(T_s - T)\pi}{c_p(p_B - p_T)\langle T_s - T\rangle\tau}$，式中 $\pi = \dfrac{\theta}{T} = \left(\dfrac{1000}{p}\right)^{R/c_p}$，$I = \left[\dfrac{1}{g}\displaystyle\int_{p_B}^{p_T}(\nabla\cdot q\boldsymbol{V})\mathrm{d}p - \dfrac{\omega_B q_B}{g}\right]\tau$，$\langle T_s - T\rangle = \dfrac{1}{p_B - p_T}\displaystyle\int_{p_T}^{p_B}(T_s - T)\mathrm{d}p$。

在具体计算时，一般将云顶 p_T、云底 p_B 分别取为 200 hPa 和 900 hPa；τ 为积云的特征时间尺度，一般取 30 min；T_s 为云中温度，T 为环境温度。

另外，云中的气温可通过云底的湿绝热线求取，气压坐标表示的湿绝热递减率 γ_m 为：

$$\gamma_m = \frac{\mathrm{d}T_s}{\mathrm{d}p} = \frac{0.2876T_s}{p}\cdot\frac{1+\dfrac{9.045Le_s}{pT_s}}{1+\dfrac{17950Le_s}{pT_s^2}\left(1-\dfrac{T_s}{1300}\right)} \quad (℃/\mathrm{hPa})$$

在具体计算时，取云底为 900 hPa，在该高度上 $T_s = T$，则向上一层的云中气温应为：$T_s(p) = T_s(p+\Delta p) - \gamma_m\Delta p$，式中 Δp 为计算气层的厚度。比如说，850 hPa 的 T_s 就可以由下式求得：

$$T_{s850} = T_{s900} - \frac{0.2876T_{s900}}{p_{900}}\cdot\frac{1+\dfrac{9.045Le_{s900}}{p_{900}T_{s900}}}{1+\dfrac{17950Le_{s900}}{p_{900}T_{s900}^2}\left(1-\dfrac{T_{s900}}{1300}\right)}(p_{900} - p_{850})$$

e_{s900} 用下列公式算出：

$$e_{s900} = 6.11\left(\frac{273}{T_{s900}}\right)^{5.31} e^{25.22\left(1-\frac{273}{T_{s900}}\right)} \quad (\mathrm{hPa})$$

这样可以逐层算出 T_s，直到对流层顶。有了 $T_s(p)$ 可根据下式求 $q_s(p)$：

$$q_s(p) = \frac{0.622e_s}{p - 0.378e_s} \quad (\mathrm{g/g})$$

最后可计算出从云底到云顶之间的逐层 H_c 的值。

6.4.2 改进方案二

2007 年，刘汉华等(2007)考虑了包括凝结加热(大尺度凝结加热和对流凝结加热)、辐射加热和感热加热在内的所有加热量，对湿 $\boldsymbol{Q}$ 矢量进行了改进，得到改进的湿 $\boldsymbol{Q}$ 矢量 $(\boldsymbol{Q}^q)$，且 $\boldsymbol{Q}^q = Q_x^q\boldsymbol{i} + Q_y^q\boldsymbol{j}$，其中，

$$Q_x^q = \frac{1}{2}\left[f\left(\frac{\partial v}{\partial p}\frac{\partial u}{\partial x} - \frac{\partial u}{\partial p}\frac{\partial v}{\partial x}\right) - h\frac{\partial \boldsymbol{V}}{\partial x}\cdot\nabla\theta + h\frac{\partial(hH)}{\partial x}\right] \tag{6.40}$$

$$Q_y^q = \frac{1}{2}\left[f\left(\frac{\partial v}{\partial p}\frac{\partial u}{\partial y} - \frac{\partial u}{\partial p}\frac{\partial v}{\partial y}\right) - h\frac{\partial \boldsymbol{V}}{\partial y}\cdot\nabla\theta + \frac{\partial(hH)}{\partial y}\right] \tag{6.41}$$

其中 $\boldsymbol{V}$ 代表水平风场 (u, v)，$h = \dfrac{R}{p}\left(\dfrac{p}{1000}\right)^{\frac{R}{c_p}}$，$H$ 为非绝热加热项，其他为气象上常用物理

量参数。

式(6.40)、式(6.41)中非绝热加热项 H 包括了凝结加热(大尺度凝结加热和对流凝结加热)、辐射加热和感热加热在内的所有加热量,具体计算处理方式为:

$$H=\frac{\mathrm{d}\theta}{\mathrm{d}t}=\frac{\partial\theta}{\partial t}+u\frac{\partial\theta}{\partial x}+v\frac{\partial\theta}{\partial y}+\omega\frac{\partial\theta}{\partial p} \tag{6.42}$$

对于 $\boldsymbol{Q}^{q}$ 来讲,对非绝热加热作用的考虑是综合、全面,同时又简单、实用,省去了许多计算上的麻烦,但却无法细致区分和识别不同非绝热加热因子的作用。

6.4.3 改进方案三

上述修改方案一和修改方案二都是从非绝热加热作用的角度,对湿 $\boldsymbol{Q}$ 矢量进行了有意义的修改和完善。随后 Yue 等(2008)对湿 $\boldsymbol{Q}$ 矢量进行转化、加工处理,得到一种修改的湿 $\boldsymbol{Q}$ 矢量($\boldsymbol{Q}^{\&}$),从计算表达形式来讲,$\boldsymbol{Q}^{\&}$ 与上述各种湿 $\boldsymbol{Q}$ 矢量最为明显不同的是,$\boldsymbol{Q}^{\&}$ 计算仅需要一层资料,这延续了传统准地转 $\boldsymbol{Q}$ 矢量在计算上的优越性。同时,$\boldsymbol{Q}^{\&}$ 考虑了非绝热加热作用,且完全用实际风计算,从理论上讲,$\boldsymbol{Q}^{\&}$ 与上述各种湿 $\boldsymbol{Q}$ 矢量又没有本质区别,与各种湿 $\boldsymbol{Q}$ 矢量具有相似的诊断特性。

$\boldsymbol{Q}^{\&}$ 的计算表达式为:

$$\begin{aligned}\boldsymbol{Q}^{\&}&=(Q_x^{\&},Q_y^{\&})\\&=\left\{\frac{1}{2}\left\{-\frac{2R}{p}\left(\frac{\partial u}{\partial x}\frac{\partial T}{\partial x}+\frac{\partial v}{\partial x}\frac{\partial T}{\partial y}\right)-\frac{\partial}{\partial x}\left[\frac{LR\omega[a(273.16-b)RT(1+0.61q_s)-c_p(T-b)^2]q_s}{c_p[a(273.16-b)Lq_s+c_p(T-b)^2]p^2}\right]\right\},\right.\\&\left.\quad\frac{1}{2}\left\{-\frac{2R}{p}\left(\frac{\partial u}{\partial y}\frac{\partial T}{\partial x}+\frac{\partial v}{\partial y}\frac{\partial T}{\partial y}\right)-\frac{\partial}{\partial y}\left[\frac{LR\omega[a(273.16-b)RT(1+0.61q_s)-c_p(T-b)^2]q_s}{c_p[a(273.16-b)Lq_s+c_p(T-b)^2]p^2}\right]\right\}\right\}\end{aligned} \tag{6.43}$$

其中 $a=17.1543$,$b=36$。其他为气象上常用的物理量参数。

具体比较分析也表明,利用一层资料计算的 $\boldsymbol{Q}^{\&}$ 与利用两层资料计算的 $\boldsymbol{Q}^{*}$ 诊断能力是基本相当的,从某种意义上讲,$\boldsymbol{Q}^{\&}$ 概念的提出实现了对湿 $\boldsymbol{Q}$ 矢量的一种新诠释,并拓展了其应用范围。

6.5 一层非地转 Q 矢量(记为 $\boldsymbol{Q}^{P}$)

1999 年,彭春华等(1999)根据中国夏季暴雨系统的有关特点,通过尺度分析和简单参数化处理,导出一种适用于低层 850hPa 单层的非地转 $\boldsymbol{Q}$ 矢量。它只适用于一个层次,这是其特点之一。与前文 $\boldsymbol{Q}$ 矢量最为明显的不同之处在于它不仅适当地隐含非绝热作用,而且也包含了低层摩擦强迫。

这种非地转 $\boldsymbol{Q}$ 矢量的表达式为:

$$\begin{aligned}\boldsymbol{Q}^{P}&\equiv(Q_x^{P},Q_y^{P})\\&\equiv\left[2f_0\left(\frac{\partial u}{\partial x}\frac{\partial v_g}{\partial p}-\frac{\partial v}{\partial x}\frac{\partial u_g}{\partial p}\right)-f_0\xi\frac{\partial(u-u_g)}{\partial p}-\frac{b}{a}v,\right.\end{aligned}$$

$$2f_0\left(\frac{\partial u}{\partial y}\frac{\partial v_g}{\partial p}-\frac{\partial v}{\partial y}\frac{\partial u_g}{\partial p}\right)-f_0\xi\frac{\partial(v-v_g)}{\partial p}+\frac{b}{a}u\Big] \tag{6.44}$$

850 hPa 等压面的 ω 动力学诊断公式为：

$$\omega \approx a\nabla\cdot\boldsymbol{Q}^P \tag{6.45}$$

其中 $a\approx 1.51\times10^{12}\,\text{hPa}^2\cdot\text{s}^2$，$f_0$ 取 30°N 的 f 值，$b\approx 48$ hPa，ξ 为垂直相对涡度。其他为气象上常用的物理量参数。

6.6 湿 $\boldsymbol{Q}$ 矢量释用($\boldsymbol{Q}^*VIP$)技术

2007 年，岳彩军等(2007a)基于湿 $\boldsymbol{Q}$ 矢量，新发展了一种湿 $\boldsymbol{Q}$ 矢量释用技术：利用松弛法迭代求解以非地转干 $\boldsymbol{Q}$ 矢量(张兴旺，1999)散度为强迫项的 ω 方程得到垂直运动场 ω_1，然后由 ω_1 计算湿 $\boldsymbol{Q}$ 矢量散度场，接着再利用松弛法迭代求解以湿 $\boldsymbol{Q}$ 矢量(张兴旺，1998a；姚秀萍等，2000，2001；Yao 等，2004)散度场为强迫项的 ω 方程得到垂直运动 ω_2，最后由 ω_2 结合水汽条件进行降水量计算，得到 $\boldsymbol{Q}^*VIP$ 降水场。然后将此项释用技术应用于对数值预报模式产品"再加工"，所得降水场称为 $\boldsymbol{Q}^*VIP$ QPF 场，从而完成湿 $\boldsymbol{Q}$ 矢量在 QPF 研究中的直接、定量应用。

$\boldsymbol{Q}^*VIP$ 技术的建立主要包括以下四个步骤：

(I)用松弛法迭代计算以非地转干 $\boldsymbol{Q}$ 矢量 ($\boldsymbol{Q}^G$) 散度为强迫项的 ω 方程

以非地转干 $\boldsymbol{Q}$ 矢量散度为强迫项的 ω 方程为：

$$\nabla^2(\sigma\omega)+f^2\frac{\partial^2\omega}{\partial p^2}=-2\nabla\cdot\boldsymbol{Q}^G \tag{6.46}$$

其中

$$Q_x^G=\frac{1}{2}\left[f\left(\frac{\partial v}{\partial p}\frac{\partial u}{\partial x}-\frac{\partial u}{\partial p}\frac{\partial v}{\partial x}\right)-h\frac{\partial \boldsymbol{V}}{\partial x}\cdot\nabla\theta\right] \tag{6.47}$$

$$Q_y^G=\frac{1}{2}\left[f\left(\frac{\partial v}{\partial p}\frac{\partial u}{\partial y}-\frac{\partial u}{\partial p}\frac{\partial v}{\partial y}\right)-h\frac{\partial \boldsymbol{V}}{\partial y}\cdot\nabla\theta\right] \tag{6.48}$$

上式中 $\sigma=-h\dfrac{\partial\theta}{\partial p}$ 为稳定度，其中 $h=\dfrac{R}{p}\left(\dfrac{p}{1000}\right)^{\frac{R}{c_p}}$，其他为气象上常用物理量参数。

通过式(6.47)和(6.48)计算出式(6.46)右端强迫项 $-2\nabla\cdot\boldsymbol{Q}^G$，取上下边界条件为 $p=0$ 处 $\omega=0$；$p=1000$ hPa 处 $\omega=0$，所有侧边界处垂直速度为 0，同时为保持式(6.46)为椭圆方程有解，逐层稳定度 σ 值取其所在层的平均值，然后对式(6.46)采用松弛法迭代求解，得到垂直速度 ω_1。

(II)用松弛法迭代计算以湿 $\boldsymbol{Q}$ 矢量 ($\boldsymbol{Q}^*$) 散度为强迫项的 ω 方程

以湿 $\boldsymbol{Q}$ 矢量散度为强迫项的 ω 方程为：

$$\nabla^2(\sigma\omega)+f^2\frac{\partial^2\omega}{\partial p^2}=-2\nabla\cdot\boldsymbol{Q}^* \tag{6.49}$$

其中

$$Q_x^* = \frac{1}{2}\left[f\left(\frac{\partial v}{\partial p}\frac{\partial u}{\partial x} - \frac{\partial u}{\partial p}\frac{\partial v}{\partial x}\right) - h\frac{\partial \mathbf{V}}{\partial x}\cdot\nabla\theta - \frac{\partial}{\partial x}\left(\frac{LR\omega}{c_p\cdot P}\frac{\partial q_s}{\partial p}\right)\right] \tag{6.50}$$

$$Q_y^* = \frac{1}{2}\left[f\left(\frac{\partial v}{\partial p}\frac{\partial u}{\partial y} - \frac{\partial u}{\partial p}\frac{\partial v}{\partial y}\right) - h\frac{\partial \mathbf{V}}{\partial y}\cdot\nabla\theta - \frac{\partial}{\partial y}\left(\frac{LR\omega}{c_p\cdot P}\frac{\partial q_s}{\partial p}\right)\right] \tag{6.51}$$

上式中 $\sigma = -h\frac{\partial\theta}{\partial p}$ 为稳定度，其中 $h = \frac{R}{p}\left(\frac{p}{1000}\right)^{\frac{R}{c_p}}$，其他为气象上常用物理量参数。

将 ω_1 代入式(6.50)、(6.51)并基于此两式计算出式(6.49)右端强迫项 $-2\nabla\cdot\boldsymbol{Q}^*$，采用求解式(6.46)的类似处理方式，取上下边界条件为 $p=0$ 处 $\omega=0$；$p=1000$ hPa 处 $\omega=0$，同时 σ 值取其所在层平均值，然后对式(6.49)进行松弛法迭代求解，得到垂直速度 ω_2。

(III)逐小时降水量计算

采用的降水量计算公式为：

$$I = -\frac{1}{g}\int_{500}^{850} F\omega \mathrm{d}p \tag{6.52}$$

其中 $F = \frac{q_s T}{p}\left(\frac{LR - c_p RT}{c_p RT^2 + q_s L^2}\right)$

将 ω_2 代入式(6.52)，且利用辛普森公式展开，则逐时降水量的计算公式可表示为

$$RI = -1.84\times10^6\times[(\omega_2 F)_{850} + 4(\omega_2 F)_{700} + (\omega_2 F)_{500}] \tag{6.53}$$

(IV)降水落区界定

对于降水量落区的界定，采用以下两个条件：

(a)700 hPa 湿 $\boldsymbol{Q}$ 矢量散度小于 0

(b)700 hPa $T - T_d \leqslant 4$ ℃

同时满足(a)、(b)条件时，式(6.53)成立，否则 $RI=0$。

7 非均匀饱和大气中的湿 Q 矢量

实际大气既不是处处是干的，也不是处处是饱和的，而是干湿共存并处于非均匀饱和状态。通常，相对湿度越大，水汽越容易发生凝结。也就是说，凝结随湿度的增加而增加。为了解决饱和与未饱和的过渡区潜热释放的不连续问题，与前文湿 Q 矢量不同的是，高守亭(2007)及 Yang 等(2007)由绝热无摩擦、非均匀饱和大气中的热力学方程出发，结合 p 坐标下的非地转方程，得到包含非绝热加热效应的非均匀饱和大气中的非地转湿 Q 矢量（Q_{um}）。

7.1 Q_{um} 矢量及其 ω 方程

7.1.1 Q_{um} 矢量表达式

Gao 等(2004)定义广义位温为：

$$\theta^* = \theta \exp\left[\frac{L}{c_p}\frac{q_s}{T}\left(\frac{q}{q_s}\right)^k\right] \tag{7.1}$$

对式(7.1)作 $\frac{\mathrm{d}}{\mathrm{d}t}$ 处理得：

$$\frac{1}{\theta}\frac{\mathrm{d}\theta}{\mathrm{d}t} = -\frac{\mathrm{d}}{\mathrm{d}t}\left[\frac{L}{c_pT}\left(\frac{q}{q_s}\right)^k q_s\right] + \frac{1}{c_pT}Q_d \tag{7.2}$$

其中，$Q_d = c_p\frac{T}{\theta^*}\frac{\mathrm{d}\theta^*}{\mathrm{d}t}$。

式(7.2)中右边第一项可展开为：

$$-\frac{\mathrm{d}}{\mathrm{d}t}\left[\frac{L}{c_pT}\left(\frac{q}{q_s}\right)^k q_s\right] = -\frac{L}{c_p}\frac{1}{T}q^k q_s^{1-k}\left[-\frac{1}{T}\frac{\mathrm{d}T}{\mathrm{d}t} + k\frac{1}{q}\frac{\mathrm{d}q}{\mathrm{d}t} + (1-k)\frac{1}{q_s}\frac{\mathrm{d}q_s}{\mathrm{d}t}\right] \tag{7.3}$$

因为 $O\left(\frac{1}{T}\frac{\mathrm{d}T}{\mathrm{d}t}\right) \ll O\left(\frac{1}{q_s}\frac{\mathrm{d}q_s}{\mathrm{d}t}\right)$，则式(7.3)简化为：

$$-\frac{\mathrm{d}}{\mathrm{d}t}\left[\frac{L}{c_pT}\left(\frac{q}{q_s}\right)^k q_s\right] = -\frac{L}{c_p}\frac{1}{T}q^k q_s^{1-k}\left[k\frac{1}{q}\frac{\mathrm{d}q}{\mathrm{d}t} + (1-k)\frac{1}{q_s}\frac{\mathrm{d}q_s}{\mathrm{d}t}\right] \tag{7.4}$$

因此，热力学方程变为：

$$\frac{\mathrm{d}\theta}{\mathrm{d}t} = -\frac{L\theta}{c_p T}\frac{\mathrm{d}}{\mathrm{d}t}\left[\left(\frac{q}{q_s}\right)^k q_s\right] + \frac{\theta}{c_p T}Q_d \tag{7.5}$$

即 $H = -\frac{L\theta}{c_p T}\frac{\mathrm{d}}{\mathrm{d}t}\left[\left(\frac{q}{q_s}\right)^k q_s\right] + \frac{\theta}{c_p T}Q_d$

利用 $h = \frac{R}{p}\left(\frac{p}{1000}\right)^{\frac{R}{c_p}}, \theta = T\left(\frac{1000}{p}\right)^{\frac{R}{c_p}}$，则

$$hH = -\frac{LR}{c_p P}\frac{\mathrm{d}}{\mathrm{d}t}\left[\left(\frac{q}{q_s}\right)^k q_s\right] + \frac{R}{c_p P}Q_d \tag{7.6}$$

由于湿 **Q** 矢量的计算公式可统一表示为：

$$Q_x = \frac{1}{2}\left[f\left(\frac{\partial v}{\partial p}\frac{\partial u}{\partial x} - \frac{\partial u}{\partial p}\frac{\partial v}{\partial x}\right) - h\left(\frac{\partial u}{\partial x}\frac{\partial \theta}{\partial x} + \frac{\partial v}{\partial x}\frac{\partial \theta}{\partial y}\right) + \frac{\partial(hH)}{\partial x}\right] \tag{7.7}$$

$$Q_y = \frac{1}{2}\left[f\left(\frac{\partial v}{\partial p}\frac{\partial u}{\partial y} - \frac{\partial u}{\partial p}\frac{\partial v}{\partial y}\right) - h\left(\frac{\partial u}{\partial y}\frac{\partial \theta}{\partial x} + \frac{\partial v}{\partial y}\frac{\partial \theta}{\partial y}\right) + \frac{\partial(hH)}{\partial y}\right] \tag{7.8}$$

因此，将式(7.6)分别代入式(7.7)、式(7.8)，则得：

$$Q_{umx} = \frac{1}{2}\left\{f\left(\frac{\partial v}{\partial p}\frac{\partial u}{\partial x} - \frac{\partial u}{\partial p}\frac{\partial v}{\partial x}\right) - h\left(\frac{\partial u}{\partial x}\frac{\partial \theta}{\partial x} + \frac{\partial v}{\partial x}\frac{\partial \theta}{\partial y}\right) - \frac{\partial}{\partial x}\left\{\frac{LR}{c_p p}\frac{\mathrm{d}}{\mathrm{d}t}\left[q_s\left(\frac{q}{q_s}\right)^k\right] - \frac{R}{c_p p}Q_d\right\}\right\} \tag{7.9}$$

$$Q_{umy} = \frac{1}{2}\left\{f\left(\frac{\partial v}{\partial p}\frac{\partial u}{\partial y} - \frac{\partial u}{\partial p}\frac{\partial v}{\partial y}\right) - h\left(\frac{\partial u}{\partial y}\frac{\partial \theta}{\partial x} + \frac{\partial v}{\partial y}\frac{\partial \theta}{\partial y}\right) - \frac{\partial}{\partial y}\left\{\frac{LR}{c_p p}\frac{\mathrm{d}}{\mathrm{d}t}\left[q_s\left(\frac{q}{q_s}\right)^k\right] - \frac{R}{c_p p}Q_d\right\}\right\} \tag{7.10}$$

若不考虑非绝热加热项 Q_d ($Q_d = 0$)，则式(7.9)、式(7.10)可简化为：

$$Q_{umx} = \frac{1}{2}\left\{f\left(\frac{\partial v}{\partial p}\frac{\partial u}{\partial x} - \frac{\partial u}{\partial p}\frac{\partial v}{\partial x}\right) - h\left(\frac{\partial u}{\partial x}\frac{\partial \theta}{\partial x} + \frac{\partial v}{\partial x}\frac{\partial \theta}{\partial y}\right) - \frac{\partial}{\partial x}\left\{\frac{LR}{c_p p}\frac{\mathrm{d}}{\mathrm{d}t}\left[q_s\left(\frac{q}{q_s}\right)^k\right]\right\}\right\} \tag{7.11}$$

$$Q_{umy} = \frac{1}{2}\left\{f\left(\frac{\partial v}{\partial p}\frac{\partial u}{\partial y} - \frac{\partial u}{\partial p}\frac{\partial v}{\partial y}\right) - h\left(\frac{\partial u}{\partial y}\frac{\partial \theta}{\partial x} + \frac{\partial v}{\partial y}\frac{\partial \theta}{\partial y}\right) - \frac{\partial}{\partial y}\left\{\frac{LR}{c_p p}\frac{\mathrm{d}}{\mathrm{d}t}\left[q_s\left(\frac{q}{q_s}\right)^k\right]\right\}\right\} \tag{7.12}$$

于是，$\boldsymbol{Q}_{um} = Q_{umx}\boldsymbol{i} + Q_{umy}\boldsymbol{j}$，即为绝热无摩擦、非均匀饱和大气中的湿 **Q** 矢量。通常情况下，式(7.11)、式(7.12)中 $k = 9$，其他为气象上常用物理量。

7.1.2 $\boldsymbol{Q}_{um}$ 矢量表征的 ω 方程

以 $\boldsymbol{Q}_{um}$ 散度为强迫项的非地转非绝热 ω 方程可表示为：

$$\nabla^2(\sigma\omega) + f^2\frac{\partial^2\omega}{\partial p^2} = -2\nabla\cdot\boldsymbol{Q}_{um} \tag{7.13}$$

如果垂直运动具有波动解，则 $\omega \propto \nabla\cdot\boldsymbol{Q}_{um}$。当 $\nabla\cdot\boldsymbol{Q}_{um} > 0$，$\omega > 0$；$\nabla\cdot\boldsymbol{Q}_{um} < 0$，$\omega < 0$。下沉运动对应 $\boldsymbol{Q}_{um}$ 的辐散区而上升运动对应 $\boldsymbol{Q}_{um}$ 的辐合区。

7.2 Q_{um} 矢量与垂直环流

方程式(7.11)和(7.12)描述了 Q_{um} 与次级环流之间的关系，由此可知，纬向和经向的垂直环流分别由 Q_{um} 纬向和经向分量决定，任意方向垂直剖面上的垂直环流完全由 Q_{umx} 和 Q_{umy} 分量决定，次级环流与 Q_{um} 的方向之间的关系如图 7.1 所示：

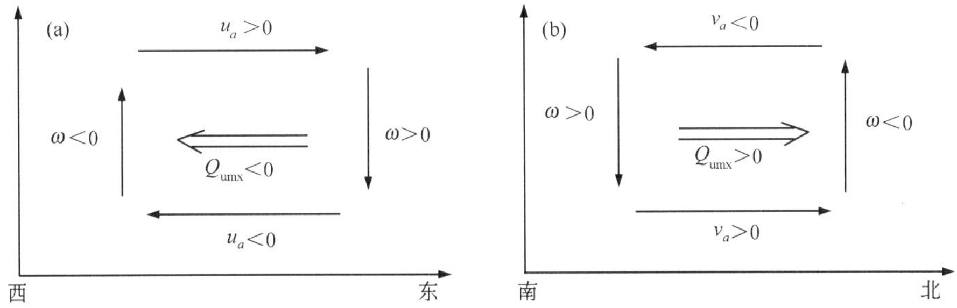

图 7.1 Q_{um} 与垂直环流的关系图

图 7.1a 所示为西部上升，东部下沉，高层向东，低层向西的纬向垂直环流。图 7.1b 所示为南部下沉，北部上升，高层向南，低层向北的经向垂直环流。

可见，Q_{um} 的方向总是指向气流上升区，而背向气流下沉区。Q_{um} 使得流场和温度场的热成风关系发生变化，因而总是起到破坏热成风平衡的作用，必然激发次级环流，使得大尺度大气进行调整，重新达到新的热成风平衡。

7.3 Q_{um} 矢量的各种简化形式

在干大气中，$q=0$，$\left(\frac{q}{q_s}\right)^k=0$，$\theta^*=\theta$，$\nabla\cdot\left\{\frac{LR}{c_p p}\frac{\mathrm{d}}{\mathrm{d}t}\left[q_s\left(\frac{q}{q_s}\right)^k\right]\right\}=0$，则 Q_{um} 不是 q 和 q_s 的函数。因此，式(7.11)、式(7.12)可进一步简化为：

$$Q_{umx}=\frac{1}{2}\left[f\left(\frac{\partial v}{\partial p}\frac{\partial u}{\partial x}-\frac{\partial u}{\partial p}\frac{\partial v}{\partial x}\right)-h\left(\frac{\partial u}{\partial x}\frac{\partial\theta}{\partial x}+\frac{\partial v}{\partial x}\frac{\partial\theta}{\partial y}\right)\right] \tag{7.14}$$

$$Q_{umy}=\frac{1}{2}\left[f\left(\frac{\partial v}{\partial p}\frac{\partial u}{\partial y}-\frac{\partial u}{\partial p}\frac{\partial v}{\partial y}\right)-h\left(\frac{\partial u}{\partial y}\frac{\partial\theta}{\partial x}+\frac{\partial v}{\partial y}\frac{\partial\theta}{\partial y}\right)\right] \tag{7.15}$$

式(7.14)、式(7.15)即为非地转干 Q 矢量(张兴旺，1999)。

在饱和大气中，$q=q_s$，$\left(\frac{q}{q_s}\right)^k=1$，$\theta^*=\theta_e$，$\nabla\cdot\left\{\frac{LR}{c_p p}\frac{\mathrm{d}}{\mathrm{d}t}\left[q_s\left(\frac{q}{q_s}\right)^k\right]\right\}=\nabla\cdot\left(\frac{LR}{c_p p}\frac{\mathrm{d}q_s}{\mathrm{d}t}\right)\approx\nabla\cdot\left(\frac{LR\omega}{c_p p}\frac{\partial q_s}{\partial p}\right)$，则 Q_{um} 不是 q 的函数。因此，式(7.11)、式(7.12)变成：

$$Q_{umx}=\frac{1}{2}\left[f\left(\frac{\partial v}{\partial p}\frac{\partial u}{\partial x}-\frac{\partial u}{\partial p}\frac{\partial v}{\partial x}\right)-h\left(\frac{\partial u}{\partial x}\frac{\partial\theta}{\partial x}+\frac{\partial v}{\partial x}\frac{\partial\theta}{\partial y}\right)-\frac{\partial}{\partial x}\left(\frac{LR\omega}{c_p p}\frac{\partial q_s}{\partial p}\right)\right] \tag{7.16}$$

$$Q_{umy}=\frac{1}{2}\left[f\left(\frac{\partial v}{\partial p}\frac{\partial u}{\partial y}-\frac{\partial u}{\partial p}\frac{\partial v}{\partial y}\right)-h\left(\frac{\partial u}{\partial y}\frac{\partial\theta}{\partial x}+\frac{\partial v}{\partial y}\frac{\partial\theta}{\partial y}\right)-\frac{\partial}{\partial y}\left(\frac{LR\omega}{c_p p}\frac{\partial q_s}{\partial p}\right)\right] \tag{7.17}$$

式(7.16)、式(7.17)即为湿 $\boldsymbol{Q}$ 矢量(张兴旺,1998a;姚秀萍等,2000,2001;Yao 等,2004)。

在未饱和区,$0<q<q_s$,$0<\left(\frac{q}{q_s}\right)^k<1$,$\theta^*\neq\theta$,且$\theta^*\neq\theta_e$,因此$\nabla\cdot\left\{\frac{LR}{c_p p}\frac{\mathrm{d}}{\mathrm{d}t}\left[q_s\left(\frac{q}{q_s}\right)^k\right]\right\}$是 q 和 q_s 的函数,这有利于 $\boldsymbol{Q}_{um}$ 产生。同时也表明 $\boldsymbol{Q}_{um}$ 通过 $\nabla\cdot\left[\frac{LR}{c_p p}\frac{\mathrm{d}}{\mathrm{d}t}(q_s\left(\frac{q}{q_s}\right)^k)\right]$ 项而起作用只有在未饱和区成立。

$\boldsymbol{Q}_{um}$ 能普遍地表示干空气、未饱和湿空气和饱和湿空气中的 $\boldsymbol{Q}$ 矢量,所以它能应用到有潜热释放的饱和与非饱和的过渡区中对垂直运动的驱动作用。真实大气并不是处处都是饱和的,为了解决饱和与未饱和的过渡区潜热释放的不连续问题,凝结几率函数 $\left(\frac{q}{q_s}\right)^k$ 被引入 $\boldsymbol{Q}_{um}$。这样,$\boldsymbol{Q}_{um}$ 不仅包含了潜热释放效应,还包含相对湿度作用,故它比非地转干 $\boldsymbol{Q}$ 矢量和非地转湿 $\boldsymbol{Q}$ 矢量更具完备的物理意义。在实际降水个例的诊断和预报中,$\boldsymbol{Q}_{um}$ 也表现出了比非地转干 $\boldsymbol{Q}$ 矢量和非地转湿 $\boldsymbol{Q}$ 矢量更大的优越性。

8　C 矢量

自从 1978 年 Hoskins 等(1978)提出 **Q** 矢量概念以来，许多学者从理论的角度开展对 **Q** 矢量分析方法的研究，半地转 **Q** 矢量、广义 **Q** 矢量、非地转干 **Q** 矢量、非地转湿 **Q** 矢量以及非均匀饱和大气中的湿 **Q** 矢量均是这些研究成果的集中体现。但仔细研究发现，上述 **Q** 矢量主要是二维的，本章将介绍 Xu(1992)提出的三维 **Q** 矢量即 **C** 矢量。

8.1　C 矢量

Q 矢量概念及其相关分析在理解和诊断天气尺度和锋区尺度的垂直环流上应用广泛。**Q** 矢量不仅能提供简单的定性分析，而且能够进行较为准确的定量计算。但是从 ω 方程所得到的垂直运动仅考虑了非地转环流的水平部分。这是由于在推导 **Q** 矢量方程的过程中，非地转环流的旋转(或无辐散)部分被排除在 ω 方程之外，而其恰又是理解非地转环流的三维结构和动力机理的一个重要信息。尽管扰动非地转风的斜压部分可以从涡度方程中得到，但非地转风的正压部分却在推导 **Q** 矢量方程的过程中丢失了，这对于诊断非地转环流的三维空间结构来说无疑是个缺憾。为了恢复失去的信息，1992 年，Xu(1992)在准地转 **Q** 矢量方程的基础之上，引进了垂直非地转涡度方程，并将其和准地转 **Q** 矢量的两个分量方程合并在一起，得到一个完整的三维准地转诊断方程即 **C** 矢量方程。**C** 矢量方程是准地转 **Q** 矢量方程的一个三维扩展，**C** 矢量概念的提出使得非地转环流的分析不仅简单、直接，而且为非地转环流提供了一个新的求解方法。

三维地转强迫矢量即 **C** 矢量的一般形式为：$\boldsymbol{C} \equiv (C_H, C_3) \equiv (C_1, C_2, C_3)$，其中，$\boldsymbol{C}_H \equiv \boldsymbol{Q} \times \boldsymbol{k}$，Xu(1992)在推导 **C** 矢量方程时，考虑了两种情况：

(1) f 和 N^2 为常数的情况：

C 矢量的三个分量的表达式如下：

$$\begin{cases} C_1 \equiv -f\partial(u_g, v_g)/\partial(y,z) = -r(\partial_y \boldsymbol{V}_g)\cdot\nabla\theta_g \\ C_2 \equiv -f\partial(u_g, v_g)/\partial(z,x) = r(\partial_x \boldsymbol{V}_g)\cdot\nabla\theta_g \\ C_3 \equiv -f\partial(u_g, v_g)/\partial(z,y) = [(\partial_x\partial_y\Phi_g)^2 - (\partial_x^2\Phi_g)(\partial_y^2\Phi_g)]/f \end{cases} \tag{8.1}$$

其中 $\boldsymbol{V}_g = (u_g, v_g, 0)$ 为地转风，Φ_g 为位势，且 $\nabla \equiv (\partial_x, \partial_y, \partial_z)$。

无量纲化的 **C** 矢量方程为：

$$\begin{cases}\nabla\times\boldsymbol{V}=2Ro\boldsymbol{C}\\ \nabla\cdot\boldsymbol{V}=0\end{cases} \tag{8.2}$$

其中，$Ro\equiv U/(fL)$ 是罗斯贝数，$\boldsymbol{V}\equiv(u,v,w)$ 是非地转风。除 f 和 r 被单位元素取代以外，无量纲 $\boldsymbol{C}$ 矢量如同式(8.1)的表达形式。在这种无量纲的形式中，非地转涡度正比于 $\boldsymbol{C}$ 矢量。因此，$\boldsymbol{C}$ 矢量流线可被视为非地转涡旋线，且有：

$$\begin{cases}2Ro\iint\boldsymbol{C}\cdot\boldsymbol{n}\mathrm{d}A=\oint\boldsymbol{V}\cdot\mathrm{d}\boldsymbol{X}\\ \nabla\cdot\boldsymbol{C}=0\end{cases} \tag{8.3}$$

其中，A 为二维面积，$\boldsymbol{n}$ 为正交于面 A 的单位矢量，环形积分沿着面 A 的边界。

(2) f 和 N^2 为非常数的情况：

由于 β 效应，$\boldsymbol{C}$ 矢量的分量包含有更多项：

$$\begin{cases}C_1\equiv -f_0\partial(u_g,v_g)/\partial(y,z)+\beta yf_0(\partial_z v_g)/2=-r(\partial_y\boldsymbol{V}_g)\cdot\nabla\theta_g+\beta yr(\partial_x\theta_g)/2\\ C_2\equiv -f_0\partial(u_g,v_g)/\partial(z,x)-\beta yf_0(\partial_z u_g)/2=r(\partial_x\boldsymbol{V}_g)\cdot\nabla\theta_g+\beta yr(\partial_y\theta_g)/2\\ C_3\equiv -f_0\partial(u_g,v_g)/\partial(x,y)-f_0\beta(y\xi_g-u_g)/2\end{cases} \tag{8.4}$$

无量纲化的 $\boldsymbol{C}$ 矢量方程为：

$$\begin{cases}\nabla\times(\Lambda\boldsymbol{V})=2Ro\boldsymbol{C}\\ \nabla\cdot\boldsymbol{V}=0\end{cases} \tag{8.5}$$

其中 Λ 是对角矩阵，其无量纲的对角元素为 $(1,1,N^2)\leftarrow(f_0^2/f_0^2,f_0^2/f_0^2,N^2/N_0^2)$。

无量纲 $\boldsymbol{C}$ 矢量有如式(8.4)同样的形式，但 r 和 f_0 被单位元素所取代。在这种无量纲形式中，$\boldsymbol{C}$ 矢量正比于非地转拟涡度(pseudovorticity) $\nabla\times(\Lambda\boldsymbol{V})$。因此，$\boldsymbol{C}$ 矢量流线可被视为非地转拟速度(pseudovelocity) $\Lambda\boldsymbol{V}$ 的涡旋线，且 $\boldsymbol{C}$ 矢量场有如式(8.3)同样的特性，但 $\boldsymbol{V}$ 被 $\Lambda\boldsymbol{V}$ 所取代。

无论哪一种情况下的 $\boldsymbol{C}$ 矢量方程，其应用机理都是非常简单的。$\boldsymbol{C}$ 矢量在水平面上的投影向左旋转 90°，便是常规的 $\boldsymbol{Q}$ 矢量。如果知道 $\boldsymbol{Q}$ 矢量在天气图上的定性分析方法，那么对 $\boldsymbol{C}$ 矢量的水平分量 (C_H) 的分析也将迎刃而解。C_H 的物理解释为因地转平流作用而引起的科氏力和浮力的水平旋度的产生(率)，其实也就是相关于热成风不平衡时的涡度分量和热力分量。另外，$\boldsymbol{C}$ 矢量的垂直分量 (C_3) 正比于位势面的二维(高斯)曲率，通过日常天气图上的孤立的高压(或低压)、线性的槽或脊以及伴有伸展变形或扰动伸展变形的地转系统可以判断出 C_3 的正负号。因而 $\boldsymbol{C}$ 矢量的三维空间分布可以通过日常天气图作出定性分析与判断，再应用“涡度思想”(vorticity thinking)即 $\boldsymbol{C}$ 矢量流线被认为是非地转假旋度线(二者之间符合右手螺旋法则)，在考虑边界影响及湿过程的情况下，则可定性判断出三维非地转环流的空间分布形势。

通过水平面上的一张 $\boldsymbol{C}$ 矢量图，不仅仅能得到垂直运动场(如图 8.1)，而且能得到非地转环流的局地三维结构(如图 8.2)。

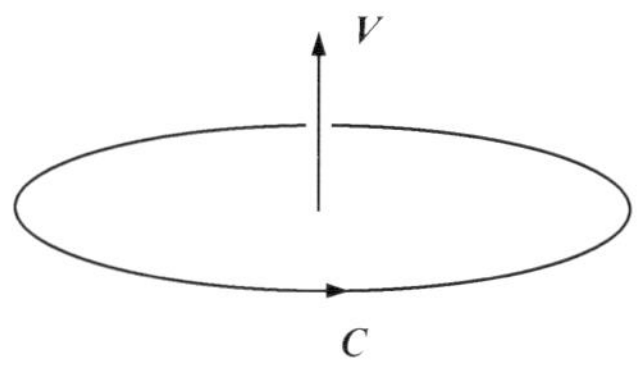

图 8.1　由 **C** 矢量水平旋度(涡度)推得的垂直速度 V

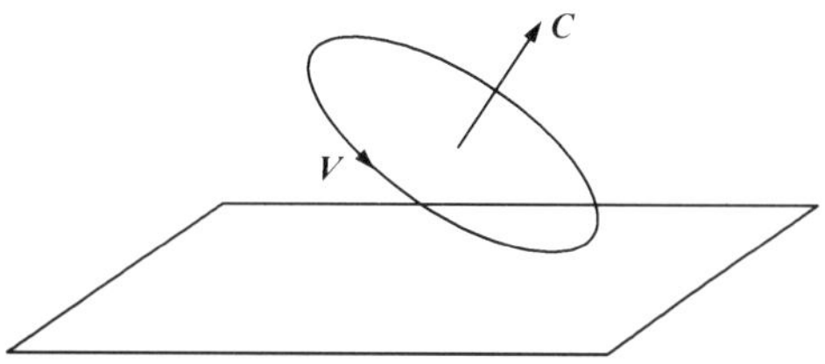

图 8.2　由三维空间(无量纲)**C** 矢量推得的 V 的旋度

C 矢量的实际应用意义是:通过锋面上 **C** 矢量的分布可以得到锋面次级环流,由沿着锋面的 **C** 矢量分量可推得垂直于锋面的非地转环流,由垂直于锋面的 **C** 矢量分量可推得沿着锋面的非地转环流,并且如果知道垂直于锋面的 **C** 矢量散度则可推得垂直于锋面的非地转环流沿锋面的变化。最直观的应用就是通过 **C** 矢量的定性分析,便可得到急流入口区和出口区的三维环流(如图 8.3)。

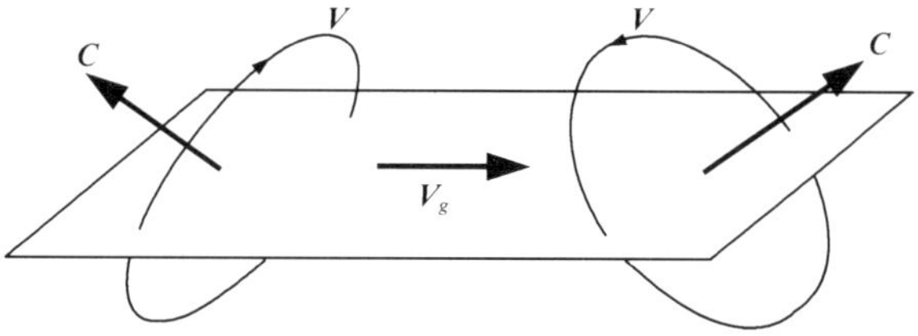

图 8.3　由在地转急流(黑箭头)入口区和出口区的 **C** 矢量(阴影箭头)所推得的三维非地转环流

其实,**C** 矢量及三维非地转环流各分量的计算也是很方便的。无论 f、N^2 是否为常数,都可求解。对三维非地转环流来讲,**C** 矢量不仅可为其提供定性分析而且可为其提供定量计算,尤其是非地转风的假扰动部分可通过格林函数和 **C** 矢量的卷积分而得到。

总之,相对于准地转 **Q** 矢量而言,**C** 矢量分析并没有变得烦琐、复杂,而是 **C** 矢量方程比准地转 **Q** 矢量方程包含更多的信息。它的出现使人们对非地转环流的分析更加完整、清晰、简单、明了,对非地转环流的三维空间结构认识更加形象化、具体化,不仅可定性分析,也可定量计算。从理论上讲,**C** 矢量的这些特性将使其在实际业务工作中得到广泛的应用,它的有效工具作用也将在实际天气诊断分析中得到很好地体现。然而遗憾的是,**C** 矢量在日常业务工作中的应用,至今还没有得到较为满意地解决。

8.2 广义 C 矢量

1996 年，缪锦海(1996)提出了在原始方程条件下的广义 **Q** 矢量的三维形式，即广义 **C** 矢量($\boldsymbol{C}^*$)。广义 **C** 矢量的计算表达式为：

$$C_1^* = -\frac{f}{2}\left[\frac{\partial u}{\partial z}\frac{\partial u}{\partial x}+\frac{\partial v}{\partial z}\frac{\partial u}{\partial y}+\frac{\partial u}{\partial y}\frac{\partial b}{\partial x}+\frac{\partial v}{\partial y}\frac{\partial b}{\partial y}\right] \tag{8.6}$$

$$C_2^* = -\frac{f}{2}\left[\frac{\partial u}{\partial z}\frac{\partial v}{\partial x}+\frac{\partial v}{\partial z}\frac{\partial v}{\partial y}-\frac{\partial u}{\partial x}\frac{\partial b}{\partial x}-\frac{\partial v}{\partial x}\frac{\partial b}{\partial y}\right] \tag{8.7}$$

$$C_3^* = -\frac{f}{2}\left[\left(\frac{\partial u}{\partial x}\right)^2+2\frac{\partial v}{\partial z}\frac{\partial u}{\partial y}+\left(\frac{\partial v}{\partial y}\right)^2\right] \tag{8.8}$$

$\boldsymbol{C}^* = (C_1^*, C_2^*, C_3^*)$ 为广义 **C** 矢量，其中，$z = \frac{c_p\theta_0}{g}\left[1-\left(\frac{p}{p_0}\right)^{\frac{R}{c_p}}\right]$，$N^2 = f\frac{\partial b}{\partial z}$，$b = \frac{g}{f\theta_0}\theta$。

以广义 **C** 矢量为强迫项表示的非地转 ω 方程为

$$\nabla(N^2\nabla w)+f^2\frac{\partial^2 w}{\partial z^2} = 2\boldsymbol{k}\cdot\nabla\times\boldsymbol{C}^* \tag{8.9}$$

广义 **C** 矢量的提出不仅使 **Q** 矢量研究更加深入，同时可应用于非地转的中小尺度系统。但到目前为止，其在实际业气象业务工作中还没有得到广泛的应用。

9 Q 矢量分解

Q 矢量包括了大气中的动力和热力作用信息，是用于诊断垂直运动的一种先进方法。许多研究（Keyser 等，1988，1992；Kurz，1992；Barnes 等，1993，1994；Schar 等，1993；Jusem 等，1998；Martin，1999a，1999b，2006，2007；Morgan，1999；Donnadill 等，2001；Yue 等，2003；Pyle 等，2004；杨晓霞等，2006；Thomas 等，2007；岳彩军等，2007b，2010b；岳彩军，2008，2009a；梁琳琳等，2008；Yue，2009a，2009b）表明，*Q* 矢量分解（Partitioning）更具有对实际天气系统诊断分析的应用价值，是一个非常有效的诊断分析工具，能分离出具有气象意义的过程和结构，而这些仅靠"总"的 *Q* 矢量是无法揭示的。通常情况下，将 *Q* 矢量分解在以等位温线为参照线的自然坐标系中（简称为 PT 分解）。也有另外一种分解方法，即将 *Q* 矢量分解在以等高线为参照线的自然坐标系中（简称为 PG 分解）。无论哪种分解方法，分解后的各 *Q* 矢量分量与"总"的 *Q* 矢量具有相同的诊断特性。在实际研究工作中，究竟采用何种分解方法，取决于研究分析的目的。同时需要特别强调的是，应用 *Q* 矢量 PT 或 PG 分解时，要认真考虑分解所得的各 *Q* 矢量分量应具有明确的物理意义，这样分解工作才有意义。

9.1 Q 矢量 PT 分解

9.1.1 PT 分解说明

传统的 *Q* 矢量分解方法是将 *Q* 矢量分解在沿等位温线的自然坐标系中（简称 PT 分解），如图 9.1 所示，

由图 9.1 可知，在沿等位温线的自然坐标系中，可将 *Q* 矢量分解为穿越等位温线分量 $\boldsymbol{Q}_n$ 和沿等位温线分量 $\boldsymbol{Q}_s$ 两个分量，即：

$$\boldsymbol{Q} = \boldsymbol{Q}_n + \boldsymbol{Q}_s \tag{9.1}$$

其中

$$\boldsymbol{Q}_n = \left(\frac{\boldsymbol{Q} \cdot \nabla \theta}{|\nabla \theta|}\right)\boldsymbol{n} \tag{9.2}$$

$$\boldsymbol{Q}_s = \frac{\boldsymbol{Q} \cdot (\mathrm{k} \times \nabla \theta)}{|\nabla \theta|}\boldsymbol{s} \tag{9.3}$$

式(9.2)中 $\boldsymbol{n}$ 为沿位温升度方向上的单位向量，且

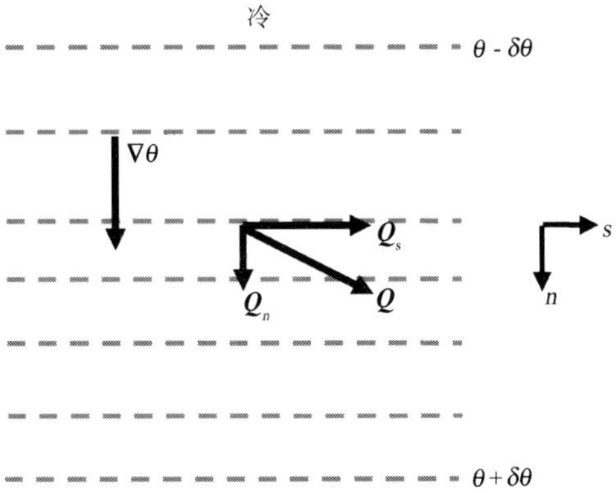

图 9.1　$\boldsymbol{Q}$ 矢量分解示意图

$$\boldsymbol{n}=\frac{\nabla\theta}{|\nabla\theta|} \tag{9.4}$$

式(9.3)中 $\boldsymbol{s}$ 为沿等位温线方向上的单位向量，当 $\boldsymbol{n}$ 反时针旋转 90°时可得单位向量 $\boldsymbol{s}$，即 $\boldsymbol{s}$ 与 $\boldsymbol{n}$ 之间的关系为：

$$\boldsymbol{s}=\boldsymbol{k}\times\boldsymbol{n} \tag{9.5}$$

式(9.2)、式(9.3)中 $\nabla\theta$、$|\nabla\theta|$ 分别为位温升度及其模，式(9.3)、式(9.5)中 $\boldsymbol{k}$ 为垂直方向上的单位向量。式(9.2)、式(9.3)分别为 $\boldsymbol{Q}_n$、$\boldsymbol{Q}_s$ 在自然坐标系中的表达式。

将式(9.4)代入式(9.2)可得：

$$\boldsymbol{Q}_n=\left(\frac{\boldsymbol{Q}\cdot\nabla\theta}{|\nabla\theta|}\right)\frac{\nabla\theta}{|\nabla\theta|} \tag{9.6}$$

将式(9.4)代入式(9.5)可得：

$$\boldsymbol{s}=\frac{\boldsymbol{k}\times\nabla\theta}{|\nabla\theta|} \tag{9.7}$$

将式(9.7)代入式(9.3)可得：

$$\boldsymbol{Q}_s=\frac{\boldsymbol{Q}\cdot(\boldsymbol{k}\times\nabla\theta)}{|\nabla\theta|}\left[\frac{(\boldsymbol{k}\times\nabla\theta)}{|\nabla\theta|}\right] \tag{9.8}$$

$\boldsymbol{Q}_n$ 沿穿越等位温线方向，具有地转偏差的特征，与锋生、锋消这些中尺度有关，反映中尺度信息；$\boldsymbol{Q}_s$ 沿等位温线方向，也即是热成风的方向，具有准地转的特征，反映大尺度信息。$\boldsymbol{Q}_n$、$\boldsymbol{Q}_s$ 与 $\boldsymbol{Q}$ 具有相同的诊断特性，且 $\nabla\cdot\boldsymbol{Q}_n$、$\nabla\cdot\boldsymbol{Q}_s$ 分别与中尺度、大尺度强迫有关。当 ω 场具有波状特征时，有 $\nabla\cdot\boldsymbol{Q}_n(\nabla\cdot\boldsymbol{Q}_s)\propto\omega$，该关系式可以用来判断垂直运动。当 $\nabla\cdot\boldsymbol{Q}_n(\nabla\cdot\boldsymbol{Q}_s)<0$，则 $\omega<0$，为中(大)尺度强迫产生的上升运动，反之亦然。

9.1.2　p 坐标系中计算公式推导

下面介绍 $\boldsymbol{Q}_n$、$\boldsymbol{Q}_s$ 以及 $\nabla\cdot\boldsymbol{Q}_n$、$\nabla\cdot\boldsymbol{Q}_s$ 在 p 坐标系中计算表达式的具体推导过程(岳彩军等，2007b)。

在 p 坐标系中，

$$\nabla\theta=\frac{\partial\theta}{\partial x}\boldsymbol{i}+\frac{\partial\theta}{\partial y}\boldsymbol{j} \tag{9.9}$$

其中 $\boldsymbol{i}$、$\boldsymbol{j}$ 分别为 x、y 方向上的单位向量。

于是，

$$|\nabla\theta| = \sqrt{\left(\frac{\partial\theta}{\partial x}\right)^2 + \left(\frac{\partial\theta}{\partial y}\right)^2} \tag{9.10}$$

同时，$\boldsymbol{k}\times\nabla\theta = \frac{\partial\theta}{\partial x}(\boldsymbol{k}\times\boldsymbol{i}) + \frac{\partial\theta}{\partial y}(\boldsymbol{k}\times\boldsymbol{j}) = \frac{\partial\theta}{\partial x}\boldsymbol{j} + \frac{\partial\theta}{\partial y}(-\boldsymbol{i})$，即：

$$\boldsymbol{k}\times\nabla\theta = -\frac{\partial\theta}{\partial y}\boldsymbol{i} + \frac{\partial\theta}{\partial x}\boldsymbol{j} \tag{9.11}$$

又 $\boldsymbol{Q} = Q_x\boldsymbol{i} + Q_y\boldsymbol{j}$，其中 Q_x、Q_y 分别为 $\boldsymbol{Q}$ 在 x、y 方向上的分量，则

$$\boldsymbol{Q}\cdot\nabla\theta = (Q_x\boldsymbol{i} + Q_y\boldsymbol{j})\cdot\left(\frac{\partial\theta}{\partial x}\boldsymbol{i} + \frac{\partial\theta}{\partial y}\boldsymbol{j}\right) = \frac{\partial\theta}{\partial x}Q_x + \frac{\partial\theta}{\partial y}Q_y \tag{9.12}$$

$$\boldsymbol{Q}\cdot(\boldsymbol{k}\times\nabla\theta) = (Q_x\boldsymbol{i} + Q_y\boldsymbol{j})\cdot\left(-\frac{\partial\theta}{\partial y}\boldsymbol{i} + \frac{\partial\theta}{\partial x}\boldsymbol{j}\right) = -\frac{\partial\theta}{\partial y}Q_x + \frac{\partial\theta}{\partial x}Q_y \tag{9.13}$$

将式(9.9)、式(9.10)及式(9.12)代入式(9.6)，可得：

$$\begin{aligned}\boldsymbol{Q}_n &= \frac{\left(\frac{\partial\theta}{\partial x}Q_x + \frac{\partial\theta}{\partial y}Q_y\right)}{\sqrt{\left(\frac{\partial\theta}{\partial x}\right)^2 + \left(\frac{\partial\theta}{\partial y}\right)^2}}\cdot\frac{\left(\frac{\partial\theta}{\partial x}\boldsymbol{i} + \frac{\partial\theta}{\partial y}\boldsymbol{j}\right)}{\sqrt{\left(\frac{\partial\theta}{\partial x}\right)^2 + \left(\frac{\partial\theta}{\partial y}\right)^2}} \\ &= \left[\frac{\left(\frac{\partial\theta}{\partial x}Q_x + \frac{\partial\theta}{\partial y}Q_y\right)\frac{\partial\theta}{\partial x}}{\left(\frac{\partial\theta}{\partial x}\right)^2 + \left(\frac{\partial\theta}{\partial y}\right)^2}\right]\boldsymbol{i} + \left[\frac{\left(\frac{\partial\theta}{\partial x}Q_x + \frac{\partial\theta}{\partial y}Q_y\right)\frac{\partial\theta}{\partial y}}{\left(\frac{\partial\theta}{\partial x}\right)^2 + \left(\frac{\partial\theta}{\partial y}\right)^2}\right]\boldsymbol{j}\end{aligned} \tag{9.14}$$

又 $\boldsymbol{Q}_n = Q_{nx}\boldsymbol{i} + Q_{ny}\boldsymbol{j}$，其中 Q^*_{nx}、Q^*_{ny} 分别为 $\boldsymbol{Q}_n$ 在 x、y 方向上的分量，则得：

$$Q_{nx} = \frac{\left(\frac{\partial\theta}{\partial x}Q_x + \frac{\partial\theta}{\partial y}Q_y\right)\frac{\partial\theta}{\partial x}}{\left(\frac{\partial\theta}{\partial x}\right)^2 + \left(\frac{\partial\theta}{\partial y}\right)^2} = \frac{\left(\frac{\partial\theta}{\partial x}\right)^2 Q_x + \frac{\partial\theta}{\partial x}\frac{\partial\theta}{\partial y}Q_y}{\left(\frac{\partial\theta}{\partial x}\right)^2 + \left(\frac{\partial\theta}{\partial y}\right)^2} \tag{9.15}$$

$$Q_{ny} = \frac{\left(\frac{\partial\theta}{\partial x}Q_x + \frac{\partial\theta}{\partial y}Q_y\right)\frac{\partial\theta}{\partial y}}{\left(\frac{\partial\theta}{\partial x}\right)^2 + \left(\frac{\partial\theta}{\partial y}\right)^2} = \frac{\frac{\partial\theta}{\partial x}\frac{\partial\theta}{\partial y}Q_x + \left(\frac{\partial\theta}{\partial y}\right)^2 Q_y}{\left(\frac{\partial\theta}{\partial x}\right)^2 + \left(\frac{\partial\theta}{\partial y}\right)^2} \tag{9.16}$$

那么式(9.15)、式(9.16)就分别为 $\boldsymbol{Q}_n$ 在 x、y 方向上的分量 Q_{nx}、Q_{ny} 的计算表达式，即 p 坐标系中的 $\boldsymbol{Q}_n$ 计算表达式。

于是，有

$$\nabla\cdot\boldsymbol{Q}_n = \frac{\partial Q_{nx}}{\partial x} + \frac{\partial Q_{ny}}{\partial y} \tag{9.17}$$

式(9.17)即为 $\boldsymbol{Q}_n$ 散度在 p 坐标系中的计算表达式，其中 Q_{nx}、Q_{ny} 分别由式(9.15)、式(9.16)计算得到。

同理，将式(9.10)、式(9.11)及式(9.13)代入式(9.8)，可得：

$$\boldsymbol{Q}_s=\frac{\left(-\dfrac{\partial\theta}{\partial y}\boldsymbol{Q}_x+\dfrac{\partial\theta}{\partial x}\boldsymbol{Q}_y\right)}{\sqrt{\left(\dfrac{\partial\theta}{\partial x}\right)^2+\left(\dfrac{\partial\theta}{\partial y}\right)^2}}\cdot\frac{\left(-\dfrac{\partial\theta}{\partial y}\boldsymbol{i}+\dfrac{\partial\theta}{\partial x}\boldsymbol{j}\right)}{\sqrt{\left(\dfrac{\partial\theta}{\partial x}\right)^2+\left(\dfrac{\partial\theta}{\partial y}\right)^2}}$$

$$=\left[\frac{\left(\dfrac{\partial\theta}{\partial y}\boldsymbol{Q}_x-\dfrac{\partial\theta}{\partial x}\boldsymbol{Q}_y\right)\dfrac{\partial\theta}{\partial y}}{\left(\dfrac{\partial\theta}{\partial x}\right)^2+\left(\dfrac{\partial\theta}{\partial y}\right)^2}\right]\boldsymbol{i}+\left[\frac{\left(-\dfrac{\partial\theta}{\partial y}\boldsymbol{Q}_x+\dfrac{\partial\theta}{\partial x}\boldsymbol{Q}_y\right)\dfrac{\partial\theta}{\partial x}}{\left(\dfrac{\partial\theta}{\partial x}\right)^2+\left(\dfrac{\partial\theta}{\partial y}\right)^2}\right]\boldsymbol{j} \tag{9.18}$$

又 $\boldsymbol{Q}_s=Q_{sx}\boldsymbol{i}+Q_{sy}\boldsymbol{j}$，其中 Q_{sx}、Q_{sy} 分别为 $\boldsymbol{Q}_s$ 在 x、y 方向上的分量，则得：

$$Q_{sx}=\frac{\left(\dfrac{\partial\theta}{\partial y}\boldsymbol{Q}_x-\dfrac{\partial\theta}{\partial x}\boldsymbol{Q}_y\right)\dfrac{\partial\theta}{\partial y}}{\left(\dfrac{\partial\theta}{\partial x}\right)^2+\left(\dfrac{\partial\theta}{\partial y}\right)^2}=\frac{\left(\dfrac{\partial\theta}{\partial y}\right)^2\boldsymbol{Q}_x-\dfrac{\partial\theta}{\partial x}\dfrac{\partial\theta}{\partial y}\boldsymbol{Q}_y}{\left(\dfrac{\partial\theta}{\partial x}\right)^2+\left(\dfrac{\partial\theta}{\partial y}\right)^2} \tag{9.19}$$

$$Q_{sy}=\frac{\left(-\dfrac{\partial\theta}{\partial y}\boldsymbol{Q}_x+\dfrac{\partial\theta}{\partial x}\boldsymbol{Q}_y\right)\dfrac{\partial\theta}{\partial x}}{\left(\dfrac{\partial\theta}{\partial x}\right)^2+\left(\dfrac{\partial\theta}{\partial y}\right)^2}=\frac{-\dfrac{\partial\theta}{\partial x}\dfrac{\partial\theta}{\partial y}\boldsymbol{Q}_x+\left(\dfrac{\partial\theta}{\partial x}\right)^2\boldsymbol{Q}_y}{\left(\dfrac{\partial\theta}{\partial x}\right)^2+\left(\dfrac{\partial\theta}{\partial y}\right)^2} \tag{9.20}$$

那么式(9.19)、式(9.20)就分别为 $\boldsymbol{Q}_s$ 在 x、y 方向上的分量 Q_{sx}、Q_{sy} 的计算表达式，即 p 坐标系中 $\boldsymbol{Q}_s$ 的计算表达式。

于是，有

$$\nabla\cdot\boldsymbol{Q}_s=\frac{\partial Q_{sx}}{\partial x}+\frac{\partial Q_{sy}}{\partial y} \tag{9.21}$$

式(9.21)即为 $\boldsymbol{Q}_s$ 散度在 p 坐标系中的计算表达式，其中 Q_{sx}、Q_{sy} 分别由式(9.19)、式(9.20)计算得到。

需要说明的是，PT 思想适用于现有的各种 $\boldsymbol{Q}$ 矢量。

9.2 Q 矢量 PG 分解

对于 $\boldsymbol{Q}$ 矢量分解方法来讲，除常见的将 $\boldsymbol{Q}$ 矢量分解在以等位温线为参照线的自然坐标系中的 PT 分解外，还有一种是将 $\boldsymbol{Q}$ 矢量分解在以等高线为参照线的自然坐标系中的 PG 分解。PT 分解方法主要用于定量诊断分析不同天气尺度对垂直运动场产生的强迫作用，而 PG 分解思想则主要关注流场的几何结构(如等高线的汇合、疏散、水平切变造成的温度平流以及等高曲率等)对垂直运动产生的激发与强迫作用。PG 分解思想是 1998 年 Jusem 等(1998)针对准地转 $\boldsymbol{Q}$ 矢量提出来的。由于受到准地转 $\boldsymbol{Q}$ 矢量诊断能力的限制，从而致使 PG 分解方法主要被用于诊断分析研究大尺度天气过程。最近，岳彩军(2008，2009a)及 Yue(2009a)对非地转干 $\boldsymbol{Q}$ 矢量 ($\boldsymbol{Q}^G$ 进行转化、处理，得到一种适合于 *PG* 分解的 $\boldsymbol{Q}$ 矢量即 $\boldsymbol{Q}^N$ 矢量，且经比较分析表明，$\boldsymbol{Q}^N$ 矢量与 $\boldsymbol{Q}^G$ 矢量具有相似的诊断能力，不仅能用于研究大尺度特征明显的天气过程，也能用于诊断分析中尺度特征明显的天气过程，从而拓展了 *PG* 分解的应用研究领域。用地转风代替实际风时，$\boldsymbol{Q}^N$ 矢量将蜕变为准地转 $\boldsymbol{Q}$ 矢量，可见，岳彩军(2008，2009a) 及 Yue(2009a) 的研究工作是对 Jusem 等(1998) 工作的延续和拓展，因此，本节对 PG 工作的介绍主要基于岳彩军(2008，2009a) 及 Yue(2009a) 研究工作。

9.2.1 PG分解说明

第5章中式(5.38)：$\boldsymbol{Q}^N=(Q_x^N,Q_y^N)=-\boldsymbol{i}\left(\frac{\partial u}{\partial x}\frac{\partial \alpha}{\partial x}+\frac{\partial v}{\partial x}\frac{\partial \alpha}{\partial y}\right)-\boldsymbol{j}\left(\frac{\partial u}{\partial y}\frac{\partial \alpha}{\partial x}+\frac{\partial v}{\partial y}\frac{\partial \alpha}{\partial y}\right)$即为$\boldsymbol{Q}^N$矢量的计算表达式，其相似于Jusem等(1998)的式(2.5)，两者差异仅在于式(5.38)中为实际风而Jusem等(1998)的式(2.5)中为地转风。参照Jusem等(1998)工作思路，将式(5.38)中$\boldsymbol{Q}^N$矢量分解在以等高线为参照线的自然坐标系(图9.2)中，

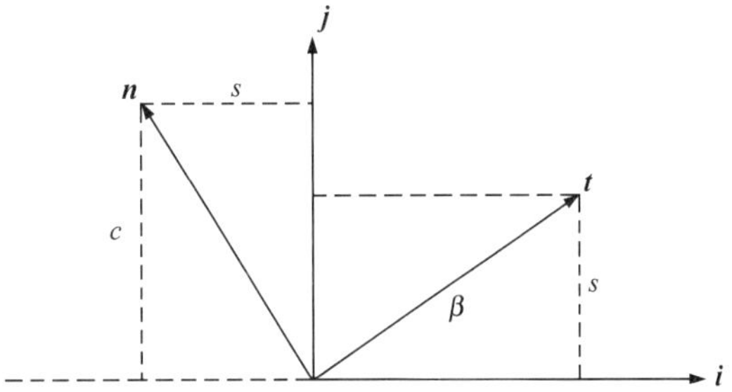

图9.2 $\boldsymbol{t}$、$\boldsymbol{n}$、$\boldsymbol{i}$、$\boldsymbol{j}$及$\boldsymbol{c}$、$\boldsymbol{s}$、$\boldsymbol{\beta}$关系示意图

则有：

$$\boldsymbol{Q}^N=-\boldsymbol{t}\left(\frac{\partial S^*}{\partial s}\frac{\partial \alpha}{\partial s}+K_sS^*\frac{\partial \alpha}{\partial n}\right)-\boldsymbol{n}\left(\frac{\partial S^*}{\partial n}\frac{\partial \alpha}{\partial s}+K_nS^*\frac{\partial \alpha}{\partial n}\right) \tag{9.22}$$

上式中s轴与局地等高线平行，单位矢量为$\boldsymbol{t}$，且$\boldsymbol{t}$为风场方向。n轴与局地等高线正交，单位矢量为$\boldsymbol{n}$。$(\boldsymbol{t},\boldsymbol{n},\boldsymbol{k})$符合右手法则，其中$\boldsymbol{k}$为垂直方向上单位矢量。$K_s$为等高线曲率，对于北半球来讲，逆时针运动(气旋)$K_s>0$，顺时针运动(反气旋)$K_s<0$。$K_n$为等高线的正交曲率即$K_n$曲率线正交于等高线，分流时$K_n>0$，汇合时$K_n<0$。$S^*$为实际水平风速大小即$S^*=\sqrt{u^2+v^2}$，$\alpha$为比容。需要强调说明的是，式(9.22)与式(5.38)是等同的，二者表达方式上的差异只不过是因为各自处于不同的自然坐标系中而已。

式(9.22)可分为以下四个部分：

$$\boldsymbol{Q}_{alst}^N=-\boldsymbol{t}\frac{\partial S^*}{\partial s}\frac{\partial \alpha}{\partial s} \tag{9.23}$$

$$\boldsymbol{Q}_{curv}^N=-\boldsymbol{t}S^*K_s\frac{\partial \alpha}{\partial n} \tag{9.24}$$

$$\boldsymbol{Q}_{shdv}^N=-\boldsymbol{n}\frac{\partial S^*}{\partial n}\frac{\partial \alpha}{\partial s} \tag{9.25}$$

$$\boldsymbol{Q}_{crst}^N=-\boldsymbol{n}S^*K_n\frac{\partial \alpha}{\partial n} \tag{9.26}$$

式(9.23)称为沿流伸展项(alongstream stretching)，表示等高线之间的水平空间收缩/伸展致使沿着气流的温度梯度增强/减弱。式(9.24)称为曲率项(curvature)，描述曲率效果，即等高线的气旋曲率在下游方向增加(减小)将引起下沉(上升)运动。式(9.25)称为切变平流项(shear advection)，表示由水平风切变所引起的温度平流。式(9.26)称为穿流伸展项(crosstream stretching)，描述风场汇合、分流效果，即风场的汇合、分流致使穿越气流的温度

梯度增强、减弱。简单地讲，Q_{alst}^N、Q_{crst}^N 两者反映的是流场的汇合、分流引起沿流、穿越流温度梯度的变化而对垂直运动产生的激发、强迫作用，只不过 Q_{alst}^N 沿着等高线方向，而 Q_{crst}^N 始终与等高线正交；Q_{curv}^N 主要反映流场曲率对沿流温度梯度的影响，从而对垂直运动产生的激发、强迫作用；Q_{shdv}^N 主要反映水平风切变致使穿越流温度梯度的改变，从而对垂直运动产生的激发、强迫作用。有关上述四项物理含义的详细解释和说明请参见 Jusem 等(1998)、Donnadille 等(2001)的研究工作。Q_{alst}^N 矢量、Q_{curv}^N、Q_{shdv}^N 矢量、Q_{crst}^N 矢量与 Q^N 矢量具有同样的诊断特性。

9.2.2　p 坐标系中计算公式推导

下面将给出式(9.23)—式(9.26)在 p 坐标系中计算表达式的具体推导过程。

在图 9.2 中，基本关系式定义如下：

$$\boldsymbol{t} = c\boldsymbol{i} + s\boldsymbol{j} \tag{9.27}$$

$$\boldsymbol{n} = - s\boldsymbol{i} + c\boldsymbol{j} \tag{9.28}$$

$$c = \frac{u}{S^*} = \cos\beta \tag{9.29}$$

$$s = \frac{v}{S^*} = \sin\beta \tag{9.30}$$

由式(9.27)和式(9.28)可知：$\boldsymbol{t} \cdot \boldsymbol{n} = 0$

$$S^* = cu + sv \tag{9.31}$$

$$S^* = \sqrt{u^2 + v^2} \tag{9.32}$$

$$c^2 + s^2 = 1 \tag{9.33}$$

$$\frac{\partial}{\partial s} = c\frac{\partial}{\partial x} + s\frac{\partial}{\partial y} \tag{9.34}$$

$$\frac{\partial}{\partial n} = - s\frac{\partial}{\partial x} + c\frac{\partial}{\partial y} \tag{9.35}$$

由式(9.34)可知：

$$\frac{\partial S^*}{\partial s} = c\frac{\partial S^*}{\partial x} + s\frac{\partial S^*}{\partial y} \tag{9.36}$$

因为

$$\frac{\partial S^*}{\partial x} = c\frac{\partial u}{\partial x} + s\frac{\partial v}{\partial x} \tag{9.37}$$

及

$$\frac{\partial S^*}{\partial y} = c\frac{\partial u}{\partial y} + s\frac{\partial v}{\partial y} \tag{9.38}$$

将式(9.37)、式(9.38)代入式(9.36)可得：

$$\frac{\partial S^*}{\partial s} = c^2\frac{\partial u}{\partial x} + cs\left(\frac{\partial v}{\partial x} + \frac{\partial u}{\partial y}\right) + s^2\frac{\partial v}{\partial y} \tag{9.39}$$

由式(9.35)可知：

$$\frac{\partial S^*}{\partial n} = - s\frac{\partial S^*}{\partial x} + c\frac{\partial S^*}{\partial y} \tag{9.40}$$

将式(9.37)、式(9.38)代入式(9.40)可得：

$$\frac{\partial S^*}{\partial n}=c^2\frac{\partial u}{\partial y}+cs\left(\frac{\partial v}{\partial y}-\frac{\partial u}{\partial x}\right)-s^2\frac{\partial v}{\partial x} \tag{9.41}$$

因为
$$K_s=\frac{\partial\beta}{\partial s}=c\frac{\partial\beta}{\partial x}+s\frac{\partial\beta}{\partial y}=\frac{\partial s}{\partial x}-\frac{\partial c}{\partial y} \tag{9.42}$$

又
$$\frac{\partial s}{\partial x}=\frac{c}{S^*}\left(c\frac{\partial v}{\partial x}-s\frac{\partial u}{\partial x}\right) \tag{9.43}$$

及
$$\frac{\partial c}{\partial y}=\frac{s}{S^*}\left(s\frac{\partial u}{\partial y}-c\frac{\partial v}{\partial y}\right) \tag{9.44}$$

将式(9.43)、式(9.44)代入式(9.42)可得：

$$K_s=\frac{1}{S^*}\left[c^2\frac{\partial v}{\partial x}+cs\left(\frac{\partial v}{\partial y}-\frac{\partial u}{\partial x}\right)-s^2\frac{\partial u}{\partial y}\right] \tag{9.45}$$

于是
$$S^*K_s=c^2\frac{\partial v}{\partial x}+cs\left(\frac{\partial v}{\partial y}-\frac{\partial u}{\partial x}\right)-s^2\frac{\partial u}{\partial y} \tag{9.46}$$

因为
$$K_n=\frac{\partial\beta}{\partial n}=-s\frac{\partial\beta}{\partial x}+c\frac{\partial\beta}{\partial y}=\frac{\partial c}{\partial x}+\frac{\partial s}{\partial y} \tag{9.47}$$

又
$$\frac{\partial c}{\partial x}=\frac{s}{S^*}\left(s\frac{\partial u}{\partial x}-c\frac{\partial v}{\partial x}\right) \tag{9.48}$$

及
$$\frac{\partial s}{\partial y}=\frac{c}{S^*}\left(c\frac{\partial v}{\partial y}-s\frac{\partial u}{\partial y}\right) \tag{9.49}$$

将式(9.48)、式(9.49)代入式(9.47)可得：

$$K_n=\frac{1}{S^*}\left[c^2\frac{\partial v}{\partial y}-cs\left(\frac{\partial v}{\partial x}+\frac{\partial u}{\partial y}\right)+s^2\frac{\partial u}{\partial x}\right] \tag{9.50}$$

于是
$$S^*K_n=c^2\frac{\partial v}{\partial y}-cs\left(\frac{\partial v}{\partial x}+\frac{\partial u}{\partial y}\right)+s^2\frac{\partial u}{\partial x} \tag{9.51}$$

最后，再分别利用式(9.34)、式(9.35)可得：

$$\frac{\partial\alpha}{\partial s}=c\frac{\partial\alpha}{\partial x}+s\frac{\partial\alpha}{\partial y} \tag{9.52}$$

$$\frac{\partial\alpha}{\partial n}=-s\frac{\partial\alpha}{\partial x}+c\frac{\partial\alpha}{\partial y} \tag{9.53}$$

基于上述基本关系式，则可得到式(9.23)、式(9.24)、式(9.25)及式(9.26)在 p 坐标系中的计算表达式，具体情况为：

将式(9.27)、式(9.39)及式(9.52)代入式(9.23)得：

$$\boldsymbol{Q}_{alst}^N=-\boldsymbol{t}\frac{\partial S^*}{\partial s}\frac{\partial\alpha}{\partial s}=-(c\boldsymbol{i}+s\boldsymbol{j})\left[c^2\frac{\partial u}{\partial x}+cs\left(\frac{\partial v}{\partial x}+\frac{\partial u}{\partial y}\right)+s^2\frac{\partial v}{\partial y}\right]\left(c\frac{\partial\alpha}{\partial x}+s\frac{\partial\alpha}{\partial y}\right) \tag{9.54}$$

令：$\boldsymbol{Q}_{alst}^N=Q_{alstx}^N\boldsymbol{i}+Q_{alsty}^N\boldsymbol{j}$，则：

$$Q_{alstx}^N=-\left[c^2\frac{\partial u}{\partial x}+cs\left(\frac{\partial v}{\partial x}+\frac{\partial u}{\partial y}\right)+s^2\frac{\partial v}{\partial y}\right]\left(c\frac{\partial\alpha}{\partial x}+s\frac{\partial\alpha}{\partial y}\right)c \tag{9.55}$$

$$Q_{alsty}^N=-\left[c^2\frac{\partial u}{\partial x}+cs\left(\frac{\partial v}{\partial x}+\frac{\partial u}{\partial y}\right)+s^2\frac{\partial v}{\partial y}\right]\left(c\frac{\partial\alpha}{\partial x}+s\frac{\partial\alpha}{\partial y}\right)s \tag{9.56}$$

将式(9.29)、式(9.30)、式(9.32)及 $\alpha=\dfrac{RT}{p}$ 代入式(9.55)、式(9.56)得：

$$Q_{alstx}^{N}=-\left[u^{2}\frac{\partial u}{\partial x}+uv\left(\frac{\partial v}{\partial x}+\frac{\partial u}{\partial y}\right)+v^{2}\frac{\partial v}{\partial y}\right]\left(u\frac{\partial T}{\partial x}+v\frac{\partial T}{\partial y}\right)\cdot\frac{uR}{p\ (u^{2}+v^{2})^{2}} \tag{9.57}$$

$$Q_{alsty}^{N}=-\left[u^{2}\frac{\partial u}{\partial x}+uv\left(\frac{\partial v}{\partial x}+\frac{\partial u}{\partial y}\right)+v^{2}\frac{\partial v}{\partial y}\right]\left(u\frac{\partial T}{\partial x}+v\frac{\partial T}{\partial y}\right)\cdot\frac{vR}{p\ (u^{2}+v^{2})^{2}} \tag{9.58}$$

同理，将式(9.27)、式(9.46)及式(9.53)代入式(9.24)得：

$$\boldsymbol{Q}_{curv}^{N}=-\boldsymbol{t}S^{*}K_{s}\frac{\partial\alpha}{\partial n}=-(c\boldsymbol{i}+s\boldsymbol{j})\left[c^{2}\frac{\partial v}{\partial x}+cs\left(\frac{\partial v}{\partial y}-\frac{\partial u}{\partial x}\right)-s^{2}\frac{\partial u}{\partial y}\right]\left(-s\frac{\partial\alpha}{\partial x}+c\frac{\partial\alpha}{\partial y}\right) \tag{9.59}$$

令：$\boldsymbol{Q}_{curv}^{N}=Q_{curvx}^{N}\boldsymbol{i}+Q_{curvy}^{N}\boldsymbol{j}$，则：

$$Q_{curvx}^{N}=-\left[c^{2}\frac{\partial v}{\partial x}+cs\left(\frac{\partial v}{\partial y}-\frac{\partial u}{\partial x}\right)-s^{2}\frac{\partial u}{\partial y}\right]\left(-s\frac{\partial\alpha}{\partial x}+c\frac{\partial\alpha}{\partial y}\right)c \tag{9.60}$$

$$Q_{curvy}^{N}=-\left[c^{2}\frac{\partial v}{\partial x}+cs\left(\frac{\partial v}{\partial y}-\frac{\partial u}{\partial x}\right)-s^{2}\frac{\partial u}{\partial y}\right]\left(-s\frac{\partial\alpha}{\partial x}+c\frac{\partial\alpha}{\partial y}\right)s \tag{9.61}$$

将式(9.29)、式(9.30)、式(9.32)及 $\alpha=\dfrac{RT}{p}$ 代入式(9.60)、式(9.61)得：

$$Q_{curvx}^{N}=-\left[u^{2}\frac{\partial v}{\partial x}+uv\left(\frac{\partial v}{\partial y}-\frac{\partial u}{\partial x}\right)-v^{2}\frac{\partial u}{\partial y}\right]\left(-v\frac{\partial T}{\partial x}+u\frac{\partial T}{\partial y}\right)\cdot\frac{uR}{p\ (u^{2}+v^{2})^{2}} \tag{9.62}$$

$$Q_{curvy}^{N}=-\left[u^{2}\frac{\partial v}{\partial x}+uv\left(\frac{\partial v}{\partial y}-\frac{\partial u}{\partial x}\right)-v^{2}\frac{\partial u}{\partial y}\right]\left(-v\frac{\partial T}{\partial x}+u\frac{\partial T}{\partial y}\right)\cdot\frac{vR}{p\ (u^{2}+v^{2})^{2}} \tag{9.63}$$

同理，将式(9.28)、式(9.40)及式(9.52)代入式(9.25)得：

$$\boldsymbol{Q}_{shdv}^{N}=-\boldsymbol{n}\frac{\partial S^{*}}{\partial n}\frac{\partial\alpha}{\partial s}=-(-s\boldsymbol{i}+c\boldsymbol{j})\left[c^{2}\frac{\partial u}{\partial y}+cs\left(\frac{\partial v}{\partial y}-\frac{\partial u}{\partial x}\right)-s^{2}\frac{\partial v}{\partial x}\right]\left(c\frac{\partial\alpha}{\partial x}+s\frac{\partial\alpha}{\partial y}\right) \tag{9.64}$$

令：$\boldsymbol{Q}_{shdv}^{N}=Q_{shdrvx}^{N}\boldsymbol{i}+Q_{shdvy}^{N}\boldsymbol{j}$，则：

$$Q_{shdvx}^{N}=\left[c^{2}\frac{\partial u}{\partial y}+cs\left(\frac{\partial v}{\partial y}-\frac{\partial u}{\partial x}\right)-s^{2}\frac{\partial v}{\partial x}\right]\left(c\frac{\partial\alpha}{\partial x}+s\frac{\partial\alpha}{\partial y}\right)s \tag{9.65}$$

$$Q_{shdvy}^{N}=-\left[c^{2}\frac{\partial u}{\partial y}+cs\left(\frac{\partial v}{\partial y}-\frac{\partial u}{\partial x}\right)-s^{2}\frac{\partial v}{\partial x}\right]\left(c\frac{\partial\alpha}{\partial x}+s\frac{\partial\alpha}{\partial y}\right)c \tag{9.66}$$

将式(9.29)、式(9.30)、式(9.32)及 $\alpha=\dfrac{RT}{p}$ 代入式(9.65)、式(9.66)得：

$$Q_{shdvx}^{N}=\left[u^{2}\frac{\partial u}{\partial y}+uv\left(\frac{\partial v}{\partial y}-\frac{\partial u}{\partial x}\right)-v^{2}\frac{\partial v}{\partial x}\right]\left(u\frac{\partial T}{\partial x}+v\frac{\partial T}{\partial y}\right)\cdot\frac{vR}{p\ (u^{2}+v^{2})^{2}} \tag{9.67}$$

$$Q_{shdvy}^{N}=-\left[u^{2}\frac{\partial u}{\partial y}+uv\left(\frac{\partial v}{\partial y}-\frac{\partial u}{\partial x}\right)-v^{2}\frac{\partial v}{\partial x}\right]\left(u\frac{\partial T}{\partial x}+v\frac{\partial T}{\partial y}\right)\cdot\frac{uR}{p\ (u^{2}+v^{2})^{2}} \tag{9.68}$$

同理，将式(9.28)、式(9.51)及式(9.53)代入式(9.26)得：

$$\boldsymbol{Q}_{crst}^{N}=-\boldsymbol{n}S^{*}K_{n}\frac{\partial\alpha}{\partial n}=-(-s\boldsymbol{i}+c\boldsymbol{j})\left[c^{2}\frac{\partial v}{\partial y}-cs\left(\frac{\partial v}{\partial x}+\frac{\partial u}{\partial y}\right)+s^{2}\frac{\partial u}{\partial x}\right]\left(-s\frac{\partial\alpha}{\partial x}+c\frac{\partial\alpha}{\partial y}\right) \tag{9.69}$$

令：$Q_{crst}^{N}=Q_{crstx}^{N}\boldsymbol{i}+Q_{crsty}^{N}\boldsymbol{j}$，则：

$$Q_{crstx}^{N}=\left[c^{2}\frac{\partial v}{\partial y}-cs\left(\frac{\partial v}{\partial x}+\frac{\partial u}{\partial y}\right)+s^{2}\frac{\partial u}{\partial x}\right]\left(-s\frac{\partial \alpha}{\partial x}+c\frac{\partial \alpha}{\partial y}\right)s \tag{9.70}$$

$$Q_{crsty}^{N}=-\left[c^{2}\frac{\partial v}{\partial y}-cs\left(\frac{\partial v}{\partial x}+\frac{\partial u}{\partial y}\right)+s^{2}\frac{\partial u}{\partial x}\right]\left(-s\frac{\partial \alpha}{\partial x}+c\frac{\partial \alpha}{\partial y}\right)c \tag{9.71}$$

将式(9.29)、式(9.30)、式(9.32)及 $\alpha=\dfrac{RT}{p}$ 代入式(9.70)、式(9.71)得：

$$Q_{crstx}^{N}=\left[u^{2}\frac{\partial v}{\partial y}-uv\left(\frac{\partial v}{\partial x}+\frac{\partial u}{\partial y}\right)+v^{2}\frac{\partial u}{\partial x}\right]\left(-v\frac{\partial T}{\partial x}+u\frac{\partial T}{\partial y}\right)\cdot\frac{vR}{p\ (u^{2}+v^{2})^{2}} \tag{9.72}$$

$$Q_{crstx}^{N}=-\left[u^{2}\frac{\partial v}{\partial y}-uv\left(\frac{\partial v}{\partial x}+\frac{\partial u}{\partial y}\right)+v^{2}\frac{\partial u}{\partial x}\right]\left(-v\frac{\partial T}{\partial x}+u\frac{\partial T}{\partial y}\right)\cdot\frac{uR}{p\ (u^{2}+v^{2})^{2}} \tag{9.73}$$

通过式(9.57)与式(9.58)、式(9.62)与式(9.63)、式(9.67)与式(9.68)以及式(9.72)与式(9.73)则可分别计算出 p 坐标系中的 $\boldsymbol{Q}_{alst}^{N}$、$\boldsymbol{Q}_{curv}^{N}$、$\boldsymbol{Q}_{shdv}^{N}$ 及 $\boldsymbol{Q}_{crst}^{N}$。

此外，在 p 坐标系中 $\boldsymbol{Q}_{alst}^{N}$、$\boldsymbol{Q}_{curv}^{N}$、$\boldsymbol{Q}_{shdv}^{N}$ 及 $\boldsymbol{Q}_{crst}^{N}$ 的散度计算可分别通过以下各式：

$$\nabla\cdot\boldsymbol{Q}_{alst}^{N}=\frac{\partial Q_{alstx}^{N}}{\partial x}+\frac{\partial Q_{alsty}^{N}}{\partial y} \tag{9.74}$$

$$\nabla\cdot\boldsymbol{Q}_{curv}^{N}=\frac{\partial Q_{curvx}^{N}}{\partial x}+\frac{\partial Q_{curvy}^{N}}{\partial y} \tag{9.75}$$

$$\nabla\cdot\boldsymbol{Q}_{shdv}^{N}=\frac{\partial Q_{shdvx}^{N}}{\partial x}+\frac{\partial Q_{shdvy}^{N}}{\partial y} \tag{9.76}$$

$$\nabla\cdot\boldsymbol{Q}_{crst}^{N}=\frac{\partial Q_{crstx}^{N}}{\partial x}+\frac{\partial Q_{crsty}^{N}}{\partial y} \tag{9.77}$$

最后需要说明的是，对 $\boldsymbol{Q}^{G}$ 矢量转化、处理后所得的 $\boldsymbol{Q}^{N}$ 矢量，与准地转 $\boldsymbol{Q}$ 矢量具有相似的计算表达式，二者的差异在于前者用实际风进行计算而后者用地转风进行计算，这一方面意味着 $\boldsymbol{Q}^{N}$ 矢量的诊断特性将优越于准地转 $\boldsymbol{Q}$ 矢量，同时也隐含着该 $\boldsymbol{Q}$ 矢量进行 PG 分解后各分解项具有明确的物理含义。将实际风变为地转风那么 $\boldsymbol{Q}^{N}$ 矢量也将蜕变为准地转 $\boldsymbol{Q}$ 矢量。关于准地转 $\boldsymbol{Q}$ 矢量进行 PG 分解后各项的物理含义，在 Jusem 等(1998)工作中有详细的文字说明和图形解释。其实，Jusem 等(1998)最后也强调指出，基于准地转 $\boldsymbol{Q}$ 矢量的 PG 思想也可用于 AB(alternative balance(替换平衡))近似平衡条件下所得的广义 $\boldsymbol{Q}$ 矢量(Davies-Jones，1991)。另外，准地转 $\boldsymbol{Q}$ 矢量、AB 近似平衡下的广义 $\boldsymbol{Q}$ 矢量以及本研究所得 $\boldsymbol{Q}^{N}$ 矢量都有一个共同特点，即它们都是在绝热条件下得到的，都不包括非绝热加热信息，这也就是我们没有直接将各种湿 $\boldsymbol{Q}$ 矢量进行 PG 分解的原因，因为对于包括了非绝热加热信息的湿 $\boldsymbol{Q}$ 矢量来讲，对其进行 PG 分解后各项的物理意义是什么，目前尚不清楚。

此外，在实际研究工作中，究竟是采用 $\boldsymbol{Q}$ 矢量 PT 分解还是 PG 分解，取决于所进行的研究目的。如果是讨论不同天气尺度对垂直运动场产生的强迫作用，则选择 $\boldsymbol{Q}$ 矢量 PT 分解是合适的。如果是研究垂直运动与流场几何形状的相关性，则使用 $\boldsymbol{Q}$ 矢量 PG 分解较为有利。

10 Q 矢量在华北暴雨中的应用

强烈持续的上升运动是产生暴雨的必要条件之一。过去，人们习惯用准地转 ω 方程来诊断斜压扰动所产生的垂直运动，但其在实际应用中存在两个问题：第一，计算需要多层资料；第二，ω 方程中两项强迫项往往是相互抵消的，因而大大减弱诊断效果。为避免以上缺点，Hoskins 等(1978)引入 Q 矢量概念，即准地转 Q 矢量，将 ω 方程中准地转强迫项表示成 Q 矢量散度，它适用于整个对流层，尤其是斜压性较大的对流层中低层，Q 矢量与非地转风有正比关系。Hoskins 等(1978)的这一贡献被称为"Q 矢量分析方法"。Q 矢量的计算只需要一层的位势高度和温度资料便可以计算出 Q 矢量散度的分布，因此相对来说，计算要简便得多。

Q 矢量包括了大气中的动力学信息和热力学信息，是用于诊断垂直运动的一种先进方法(Dunn,1991)。20 世纪 90 年代初期，Davies-Jones(1991)提出了广义 Q 矢量概念，接着，Xu(1992)提出 C 矢量概念，即三维 Q 矢量，到 20 世纪 90 年代后期开始，我国学者也对 Q 矢量相关的理论和应用进行了进一步的研究(李柏等；1997；张兴旺，1999)。最近，岳彩军(2008,2009a)及 Yue(2009a)对非地转干 Q 矢量作了进一步的修改研究，使其计算仅需要一层资料。上述各种 Q 矢量都没有考虑非绝热加热作用，因此都属于"干"的 Q 矢量范畴。而实际大气并非是绝热的。为了能较真实地反映大气状况，与上述研究不同的是，1998 年，张兴旺(1998)考虑了大尺度凝结潜热加热作用，首次提出湿 Q 矢量概念即非地转湿 Q 矢量(记为 Q^*)。接着，姚秀萍等(2000,2001)及 Yao 等(2004)采用与张兴旺(1998)不同的推导方法，也得到了 Q^* 矢量。后来，岳彩军等(2003a)在 Q^* 矢量基础上，进一步考虑了对流潜热加热作用，实现了对湿 Q 矢量的改进与完善，得到改进的湿 Q 矢量。关于上述 Q 矢量的具体应用及理论研究进展状况，岳彩军(1999)、岳彩军等(1999,2005,2008a,2010a)先后作过较为详细的总结研究。另外，关于准地转 Q 矢量、半地转 Q 矢量、非地转干 Q 矢量、湿 Q 矢量以及改进的湿 Q 矢量之间诊断能力的差异情况，先后有许多学者结合不同天气过程开展过具体比较研究(张兴旺，1998a；姚秀萍等，2000,2001；Yao 等，2004；岳彩军等，2002a,2003a,2003b,2003c；赵桂香等，2006；梁琳琳等，2008；岳彩军等，2008b)。由于 Q 矢量理论的先进性和实用性，不仅在应用方面引起人们的广泛关注，同时也促使人们对其理论发展作了进一步深入探讨与研究。由于计算某层湿 Q 矢量的计算需要用到其相邻上下两层气象要素，针对这个问题，Yue 等(2008)尝试对湿 Q 矢量进行了改进处理，使其计算仅需要一层气象资料。鉴于非绝热加热作用与天气现象的发生、发展关系密切。而上述湿 Q 矢量所含的非绝热加热信息并未包括辐射加热、感热加热，这对于实际天气的降水诊断存在一定的缺陷。刘汉华等(2007)考虑了包括凝结加热（大尺度凝结加热和对流凝结加热）、辐射加热和感热加热在内的所有加热信息，对非地转湿 Q 矢量进行了改进，得到改进的非地转湿 Q 矢量(Q^q)。众所周知，对于真实大气来讲，并不是处处都是饱和的。为了解决饱和与未饱和的过渡区潜热释放的不连续问题，Yang 等(2007)及高守亭(2007)则由非均匀饱和大气中的热力学方程出发，结合 p 坐标下的非地转方程，得到包含非绝热加热效应的非均匀饱和大气中的非地转湿 Q 矢量(Q_{um})。Q_{um} 矢量能普遍地表示干空气（$q=0$）、未饱和湿空气（$0<q<q_s$）和饱和湿空气（$q=q_s$）中的 Q 矢量，能应用到有潜热释放的饱和与非饱和的过渡区中对垂直运动的驱动作用，从而可以解决饱和与未饱和的过渡区潜热释放的不连续问题。最近，岳彩军(2010)结合“海棠”台风(2005)登陆台风暴雨过程，利用 WRF 模式模拟输出的气象要素，通过计算降水场，定量分析了非绝热加热作用及其对各种湿 Q 矢量诊断能力的影响。此外，岳彩军等(2002b)将湿 Q 矢量散度场与模式直接输出的垂直速度场进行了比较，发现前者对同期降水指示作用更好。基于此启发性研究工作，岳彩军等(2007a)研发了一种湿 Q 矢量动力释用技术，并用于定量降水预报(QPF)，将 Q 矢量由定性的诊断分析工具拓展为定量的预报工具。

许多研究表明，Q 矢量分解更具有对实际天气系统诊断分析的应用价值，是一个非常有用的诊断工具，能分离出具有气象意义的过程和结构。对于 Q 矢量分解方法来讲，除常见的将 Q 矢量分解在以等位温线为参照线的自然坐标系中(PT 分解)外，还有一种是将 Q 矢量分解在以等高线为参照线的自然坐标系中(PG 分解)。PT 分解方法主要用于定量诊断分析不同天气尺度对垂直运动场产生的强迫作用，而 PG 分解思想则主要关注流场的几何结构（如等高线的汇合、疏散、水平切变造成的温度平流以及等高线曲率等）对垂直运动产生的激发与强迫作用。

伴随着 Q 矢量理论研究的不断深入，则更凸显 Q 矢量的优越性，从而又进一步推动了人们对 Q 矢量分析方法的应用研究。Q 矢量分析方法已被广泛应用于我国不同区域发生的不同类型灾害性天气（如暴雨、台风、暴雪等）的诊断分析研究（岳彩军等，2008a）。值得一提的是，Q 矢量不仅是一种有效的天气诊断分析工具，同时也被应用于天气预报。

本章以及第 11 章、第 12 章和第 13 章将介绍本书著者多年来在华北暴雨、梅雨锋暴雨、台风降水以及定量降水预报(QPF)等领域研究及其应用方面所做的工作和结果。

10.1 天气形势概况

1996 年 8 月 1—6 日由于受 9608 号台风“Herb”和其减弱后的低气压以及高空槽的共同影响，我国东部地区自南向北先后出现一次大范围的暴雨过程，从形势场演变图（图略）上可以看到，3 日由于受台风低压槽影响，河南北部、河北南部，首先出现暴雨—大暴雨，3 日 1200UTC（世界协调时，下同）西太平洋副热带高压与贝加尔湖以东的高压脊同位相叠加，形成东北—西南向的高压坝，有利于台风低压东侧的西南气流和高压坝南侧的东南气流形成暖切变，4 日暖切变以北的河北中南部、山西东部普降暴雨，局部地区降了到暴雨，5 日暖切变北抬，京津地区、河北东北部出现暴雨。8 月 3—5 日过程暴雨中心是位于台风低压的东北侧，过程降水量的分布如图 10.1a 所示，过程降水最大出现在石家庄附近的井陉，达 413 mm，最强降水时段出现在 4 日 0000UTC 至 0600UTC，此 6 h 降水中心位于石家庄，达 150 mm 以上，另一个位于湖北的钟祥，达 50 mm。总之，台风在向偏北方向移动过程中，降水总是位于其东北侧。“96.8”暴雨是继“63.8”暴雨以来 30 多年最大的的暴雨过程。

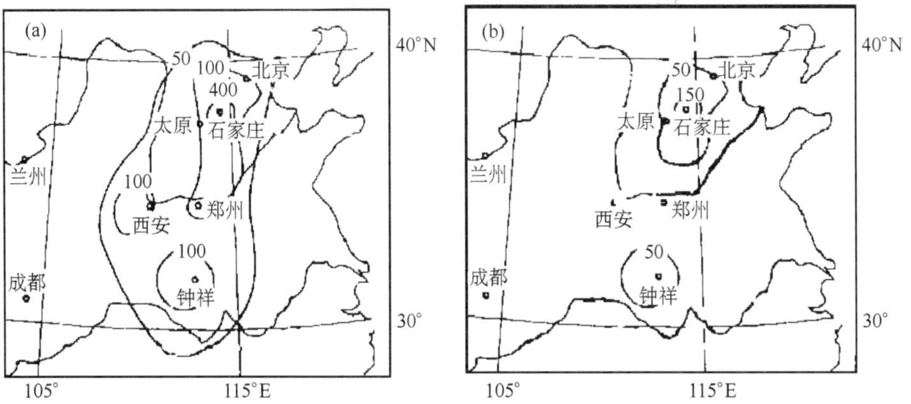

图 10.1　1996 年 8 月 3—5 日降水量分布图(单位：mm)
(a) 3 日 0000UTC 至 5 日 0000UTC；(b)4 日 0000UTC 至 0600UTC

10.2　非地转湿 Q 矢量对暴雨过程的诊断

利用华北特大暴雨过程 1996 年 8 月 3 日 0000UTC 至 8 月 5 日 0000UTC 的常规实测资料，采用以 Barnes 空间滤波方法为基础的 Maddox(1980)客观分析方案，对常规资料进行客观分析，从而形成水平网格距为 90 km，垂直分辨率为 100hPa 的 10 层网格点资料；资料中心(11,11)的网格点位于(35.5°N,113°E)即山西晋城附近，4 日 0000UTC 至 0600UTC 的 6 h 降水中心和 48 h 过程降水中心的网格点为(14,13)，位于(38°N,115°E)即石家庄附近。姚秀萍等(2000)利用非地转湿 Q 矢量方法对此次华北暴雨过程进行诊断分析，计算暴雨过程 5 个时次的非地转湿 Q 矢量及其散度，同时对此次暴雨过程的 5 个时次进行合成平均分析，揭示了非地转湿 Q 矢量及其散度在暴雨分析中的应用价值。

10.2.1　非地转湿 Q 矢量散度及其与降水落区之间的关系

从图 10.2a 可以看出暴雨过程的各个时次(其他时次图略)，低层 800 hPa 均存在明显风场辐合中心即为台风低压所在处，在其东北侧存在非地转湿 Q 矢量散度的负值中心，负值中心位置伴随台风北移而向北移动。4 日 0000UTC 在网格(14,13)附近有一个中心强度为 $-84.5\times10^{-17}\,hPa^{-1}\cdot s^{-3}$的 Q 矢量散度辐合中心，正好对应于此时 6 h 和 12 h 的降水中心，其南侧的 $-24.8\times10^{-17}\,hPa^{-1}\cdot s^{-3}$ 的 Q 矢量散度辐合中心对应钟祥的降水中心(图略)。从暴雨过程 5 个时次合成平均图 10.2b 上看，在网格(14,13)附近存在非地转湿 Q 矢量散度负值区，此负值区分裂为南北两个负值中心，其值分别达到 $-44.5\times10^{-17}\,hPa^{-1}\cdot s^{-3}$、$-53.9\times10^{-17}\,hPa^{-1}\cdot s^{-3}$，正好与过程暴雨的中心相吻合（见图 10.1a），可见，非地转湿 **Q** 矢量散度与暴雨落区有着较好的对应关系。

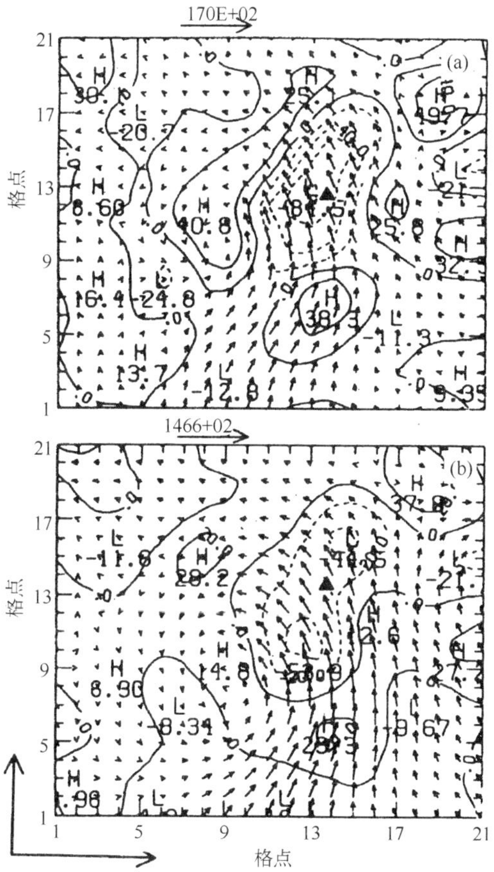

图 10.2　800 hPa 非地转湿 **Q** 矢量散度（单位：$10^{-17}\,hPa^{-1}\cdot s^{-3}$）和风场的叠加分布图

（图中▲为暴雨中心）

(a)为 4 日 0000UTC；(b)为 5 个时次的合成平均图

从沿暴雨中心的非地转湿 **Q** 矢量散度的时空剖面图 10.3 上可以进一步说明低层（800 hPa）的非地转湿 **Q** 矢量辐合中心对降水落区的对应关系最为重要，从图 10.3 可以看出整个暴雨过程 400 hPa 高层以下均存在 $\nabla\cdot\boldsymbol{Q}^*$ 的负值区，即 $\nabla\cdot\boldsymbol{Q}^*$ 辐合区。暴雨过程 $\nabla\cdot\boldsymbol{Q}^*$ 值随着暴雨的产生和发展也出现增强的现象，暴雨最强时刻 4 日 0000UTC 的 $\nabla\cdot\boldsymbol{Q}^*$ 最大达 $-66.4\times10^{-17}\,hPa^{-1}\cdot s^{-3}$。可见，对于暴雨落区这个问题，应该采取低层 $\nabla\cdot\boldsymbol{Q}^*$ 作为指标，其效果甚佳。总之，低层 800 hPa 非地转湿 **Q** 矢量辐合区为降水落区，其辐合中心基本上是暴雨中心。这是由于在低层非地转湿 **Q** 矢量辐合区通常是上升运动激发区，非地转湿 **Q** 矢量散度大小表示的是产生垂直运动的强迫机制的强弱，$\nabla\cdot\boldsymbol{Q}^*<0$ 的区域，非地转上升运动会在一定时间尺度内得以维持。持续一定强度的上升运动为暴雨提供有利的动力条件。台风东侧西南急流和东南气流输送的水汽提供了有利的热力条件，考虑了凝结潜热

的作用，在辐合区更有利于不稳定能量的释放，促使暴雨产生和发展。

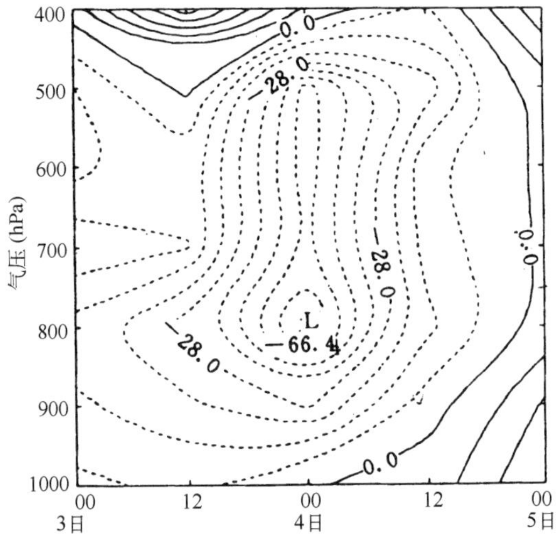

图 10.3 沿暴雨中心 800 hPa 非地转湿 Q 矢量散度(单位:$10^{-17}hPa^{-1}\cdot s^{-3}$)的时空剖面图

为了说明引入“湿”过程的 Q 矢量散度比“干”过程的 Q 矢量散度在暴雨落区的确定中具有更大的意义，给出了不考虑非绝热效应的干 Q 矢量散度图(图 10.4)，从图上可以看出台风中心附近为干 Q 矢量辐合区，暴雨中心附近的 $\nabla\cdot Q$ 基本上为 0。可见对于暴雨这类包含水汽凝结的过程而言，必须引入“湿”过程，因为暴雨的发展，水汽凝结效应起着最为重要的作用，如果不考虑“湿”过程，降雨的落区确定将是不准确的。

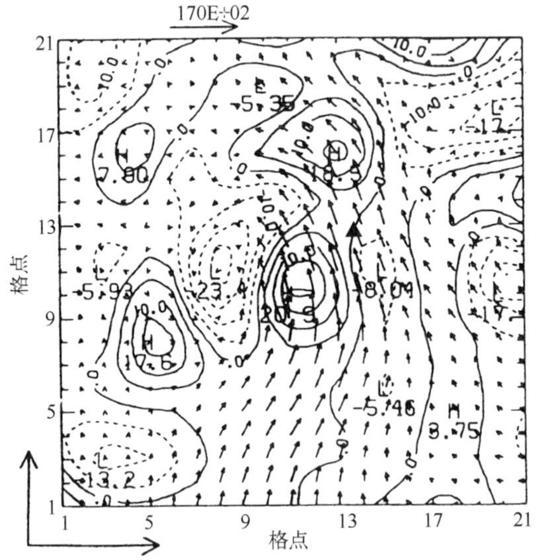

图 10.4 4 日 0000UTC 800 hPa 干 Q 矢量散度(单位:$10^{-17}hPa^{-1}\cdot s^{-3}$)与风场分布图

(图中▲为暴雨中心)

由此可见，低层 800 hPa 上非地转湿 Q 矢量辐合区与降水落区有很好的对应关系，是降水落区定性诊断分析的有力工具，并且适合于各纬度带。

10.2.2　非地转湿 Q 矢量场的流线分析

图 10.5 为 4 日 0000UTC 非地转湿 Q 矢量场的流线(其他时次略)。从图 10.5 可以看出暴雨过程的各个时次在暴雨中心附近均存在很明显的非地转湿 Q 矢量流场的辐合中心，其辐合中心随着台风低压的北移而北进，3 日 0000UTC 位于网格点(13,12)附近，随着暴雨过程的发展，4 日 0000UTC 位于网格点(13,13)附近，5 日 0000UTC 北移到网格点(14,16)附近。从合成平均分析图上(图略)也可以看出暴雨过程的 Q 矢量场在网格点(13,12)附近也存在很明显的非地转湿 Q 矢量流场辐合中心，而这个中心与实际过程暴雨中心只差一个网格距。因此，可以认为非地转湿 Q 矢量流线的辐合中心(辐合线)是垂直运动发展的一个定性指标，对暴雨区的预报具有指导性意义，即非地转湿 Q 矢量场流线在某地有辐合中心(辐合线)，则该地必将有对流天气产生。

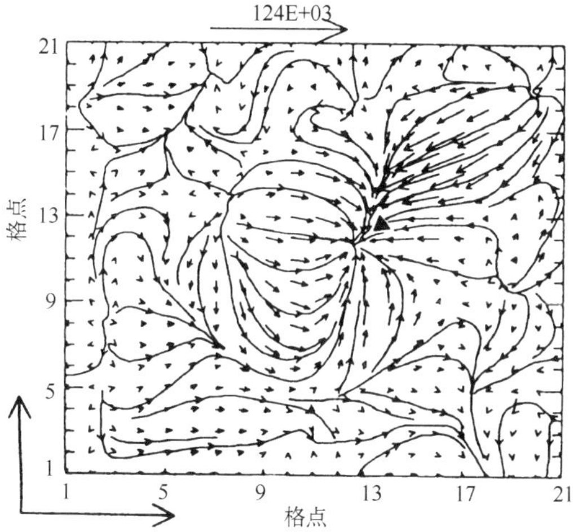

图 10.5　4 日 0000UTC 800 hPa 非地转湿 Q 矢量的流线分布图

(图中▲为暴雨中心)

10.2.3　非地转湿 Q 矢量散度与未来 6 h 降水的关系

图 10.6 为本次暴雨过程暴雨中心(石家庄)6 h 雨量分布曲线(实线)与暴雨过程各时次低层 800 hPa 暴雨中心的非地转湿 Q 矢量散度值(虚线)随时间变化曲线示意图。

从图 10.6 可以清楚地看出本次暴雨过程石家庄地区(降水中心)6 h 降水量的分布是个波状形式，存在一个波峰，最大出现于 4 日 0600UTC，达 129 mm，低层 800 hPa 暴雨中心 $\nabla \cdot Q^*$ 值的分布也呈波状形式，亦存在一个波峰，其值随暴雨的增强而增大，至 4 日 0000UTC 达到最大，为 $-66.44\times10^{-17}\text{hPa}^{-1}\cdot\text{s}^{-3}$，此后逐渐减小。

从两者的对应关系来看，低层暴雨中心的 $\nabla \cdot Q^*$ 与降水量有着滞后 6 h 的正相关关系，即 $\nabla \cdot Q^*$ 的强度变化可影响到此后 6 h 暴雨中心的降水量，即随着 $\nabla \cdot Q^*$ 的增大，此后 6 h 降水量增大，随 $\nabla \cdot Q^*$ 的减小，此后 6 h 降水量减小。可见，非地转湿 Q 矢量散度对未来 6 h 降水强度的预报具有重要的指导意义，是具有预报意义的重要指标。

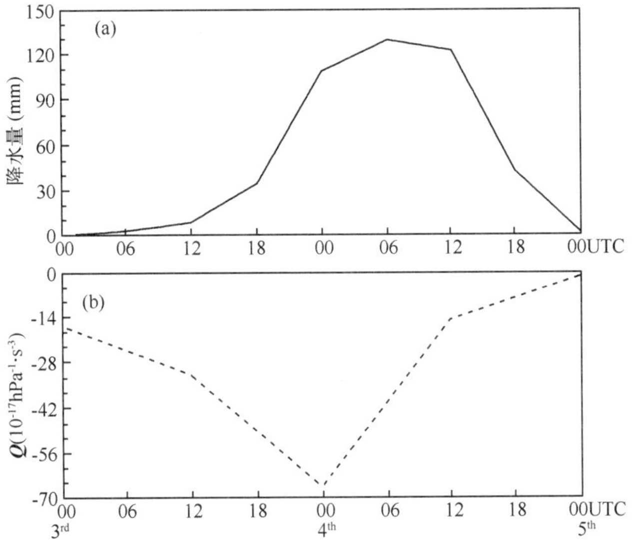

图 10.6　暴雨过程随时间变化曲线示意图

（a. 实线为暴雨中心 6 h 雨量，单位：mm；b. 虚线为 800 hPa 非地转湿 Q 矢量散度，单位：$10^{-17}\,hPa^{-1}\cdot s^{-3}$）

10.2.4　非地转湿 Q 矢量辐合与降水之间的关系的物理机制初步讨论

为了说明暴雨落区及强降水中心与非地转湿 Q 矢量辐合区之间的吻合效果优越于传统的垂直速度的分布，在此再进一步分析低层 800 hPa 垂直速度的分布。从图 10.7 可以看出在台风中心附近存在一个较大范围的负 ω 区，ω 负值中心位于(9,9)网格点处，而强降水的中心位于(14,13)网格点处，基本上落在 ω 负值区边缘的 0 等值线附近，可见，两者距离相差甚远，通过比较图 10.2 和图 10.7 可知 ω 的最大负值中心并非暴雨中心，而非地转湿 Q 矢量辐合中心基本上为暴雨中心；同时还可看出非地转湿 Q 矢量散度负值区的范围小于 ω 负值区范围，且前者与暴雨落区更加吻合，后者的范围大于暴雨区范围，可见，$\nabla\cdot\boldsymbol{Q}^*$ 比 ω 能更准确地诊断暴雨的落区及强降水中心。

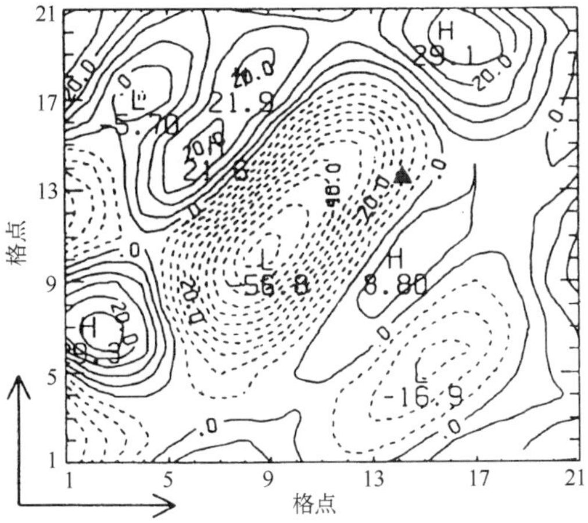

图 10.7　4 日 000UTC 800 hPa 的垂直速度 ω（单位：10^{-4} Pa/s）分布图

（图中▲为暴雨中心）

非地转湿 Q 矢量散度是考虑了非绝热效应后得到的，它能较好地与降水落区相对应，其物理机制是源于次级环流的演变和发展。次级环流是叠加在基本环流之上的二级环流，它的强弱与暴雨的强度有直接关系，次级环流的增强能激发暴雨的加强，非地转湿 Q 矢量散度的分布反映了台风低压环流附近及其外围的风场和温度场的不平衡配置关系，台风低压倒槽处于偏南气流和偏东气流的暖切位置，台风前侧又是东南急流和偏北气流辐合线之所在，因而从温度场和流场上看，这个区域易激发次级环流。非地转湿 Q 矢量在 x 方向和 y 方向上分量的垂直分布能很直观地揭示系统次级环流的方向和强度，即非地转湿 Q 矢量指向次级环流的上升区、背向下沉区。从沿 115°E 的非地转湿 Q 矢量 y 方向分量 Q_y^* 的垂直剖面图（图略）可以看出，在 800 hPa 暴雨中心的北侧（网格数为 16 附近）有 Q_y^* 的负值区，在 900 hPa暴雨中心的南侧（网格数为 9 附近）有 Q_y^* 的正值区，因此，在 Q_y^* 正、负值的交汇处存在次级环流的上升支，而在次级环流的上升支有利于暴雨的产生和发展。同样，沿暴雨中心的东西剖面亦存在这种结果（图略）。也就是说非地转湿 Q 矢量的 x 方向、y 方向分量 Q_x^* 和 Q_y^* 指向气流的上升区、背向气流的下沉区，而上升区也就是非地转湿 Q 矢量散度的负值区即辐合区，Q_x^* 或 Q_y^* 指向系统发展的区域；考虑了凝结潜热作用的次级环流本身就较强。非地转湿 Q 矢量使得流场热成风和温度场热成风发生变化，因而总是起到破坏热成风平衡的作用，这必然激发次级环流，使得大尺度大气进行调整，达到新的热成风平衡。所以，非地转湿 Q 矢量辐合激发的次级环流有利于不稳定能量的释放，促使暴雨产生和发展。

11 *Q* 矢量在梅雨锋暴雨中的应用

众所周知，梅雨锋系统是夏季东亚地区最重要的天气系统之一，梅雨锋暴雨是我国长江中下游及淮河流域重要的天气气候现象，且梅雨锋气旋是一类与梅雨期暴雨密切相关的天气系统。暴雨的生成需要充沛的水汽供应，暖湿的不稳定空气层结，以及强烈的低空辐合来加速垂直环流，使大量暖湿空气得以抬升凝结产生降水。梅雨期活跃的中间尺度天气系统就具有这些作用。江淮流域切变线使这一带经常具备低空辐合的条件。当有气旋性低涡出现，低空辐合就进一步加强。在梅雨锋的南面，低空西南风急流把低纬度的湿热海洋空气输送到长江中下游，因此水汽的供应总是很充足的。低空暖湿空气平流造成空气的不稳定层结。这些条件都是梅雨锋上出现暴雨的有利条件。关于梅雨暴雨的研究已经做了大量有意义的工作，不同气象研究人员采用不同方法，从不同方面对梅雨暴雨的形成机理予以解释与说明，梅雨期暴雨的形成条件和发生发展的物理过程，不同尺度系统的相互作用和暴雨的关联，梅雨暴雨的动力学分析等方面都取得了进展，对梅雨暴雨的认识在理论上和实际预报方面都有新的提高。1991 年 7 月 5 日 20 时—6 日 20 时(北京时间，下同)发生了一次典型的江淮梅雨锋气旋暴雨过程。该过程主要由梅雨锋气旋引起。许多气象学者分析研究过这次天气过程。本章主要介绍本书作者们(Yue 等，2003；刘志雄和岳彩军等，2003；岳彩军等，2007b；岳彩军，2008；Yue，2009a)多年来从 *Q* 矢量及其分解的角度，对此次梅雨暴雨过程进行诊断分析所取得的研究成果。

11.1 天气过程简介

1991 年 7 月 5 日 20 时—6 日 20 时是一次典型的江淮梅雨锋气旋暴雨过程。此次暴雨过程是由准静止锋上气旋波动的发展移动而引发的江淮流域大暴雨。5 日 20 时为梅雨锋气旋发展期，700 hPa 高空图(图 11.1a)上沿 112°E 有一狭长低压区，此时地面降水(图 11.2a)刚开始，雨区呈块状散乱分布。5 日 20 时以后至 6 日 08 时低压东移并发展加强，地面降水也逐渐增强。6 日 08 时是此次降水过程的一个明显转折点，江淮之间已有一明显的梅雨锋气旋形成，700 hPa 高空图(图 11.1b)上(31.5°N，113°E)附近有一个明显的气旋中心存在，与此同时，地面降水(图 11.2b)也突然增幅，雨区呈片状分布，并伴有非常强的局地性强降水。6 日 08 时至 6 日 20 时之前是梅雨锋气旋发展的最强盛时期，也是降水最强、最集中阶段。6 日 20 时左右，梅雨锋气旋渐东移入海，700 hPa(图 11.1c)上仅为一南北向的槽，此次降水过程基本结束，地面仅出现一暴雨雨团(图 11.2c)。

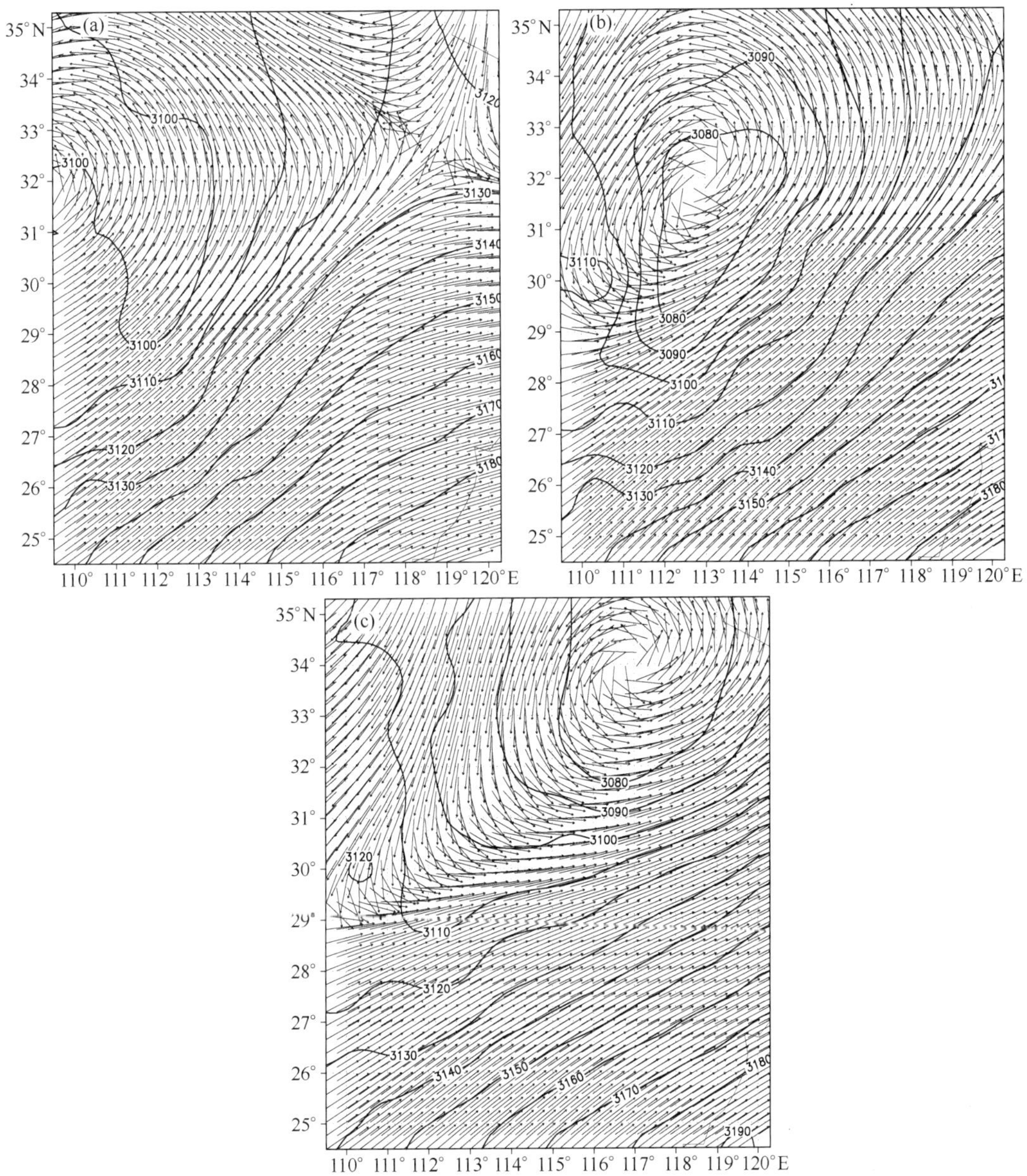

图 11.1　700 hPa 位势高度场(实线)和风场的叠加分布(单位:等高线:gpm)

(a)、(b)、(c)分别为 1991 年 7 月 5 日 20 时、6 日 08 时、6 日 20 时

在具体诊断分析时，在 5 日 20 时—6 日 08 时及 6 日 08 时—6 日 20 时之间各增加了 3 个时次中尺度数值模式(MM4)模拟输出资料场，这样一共有 9 个时次的资料可用来诊断分析，资料显然被加密了。

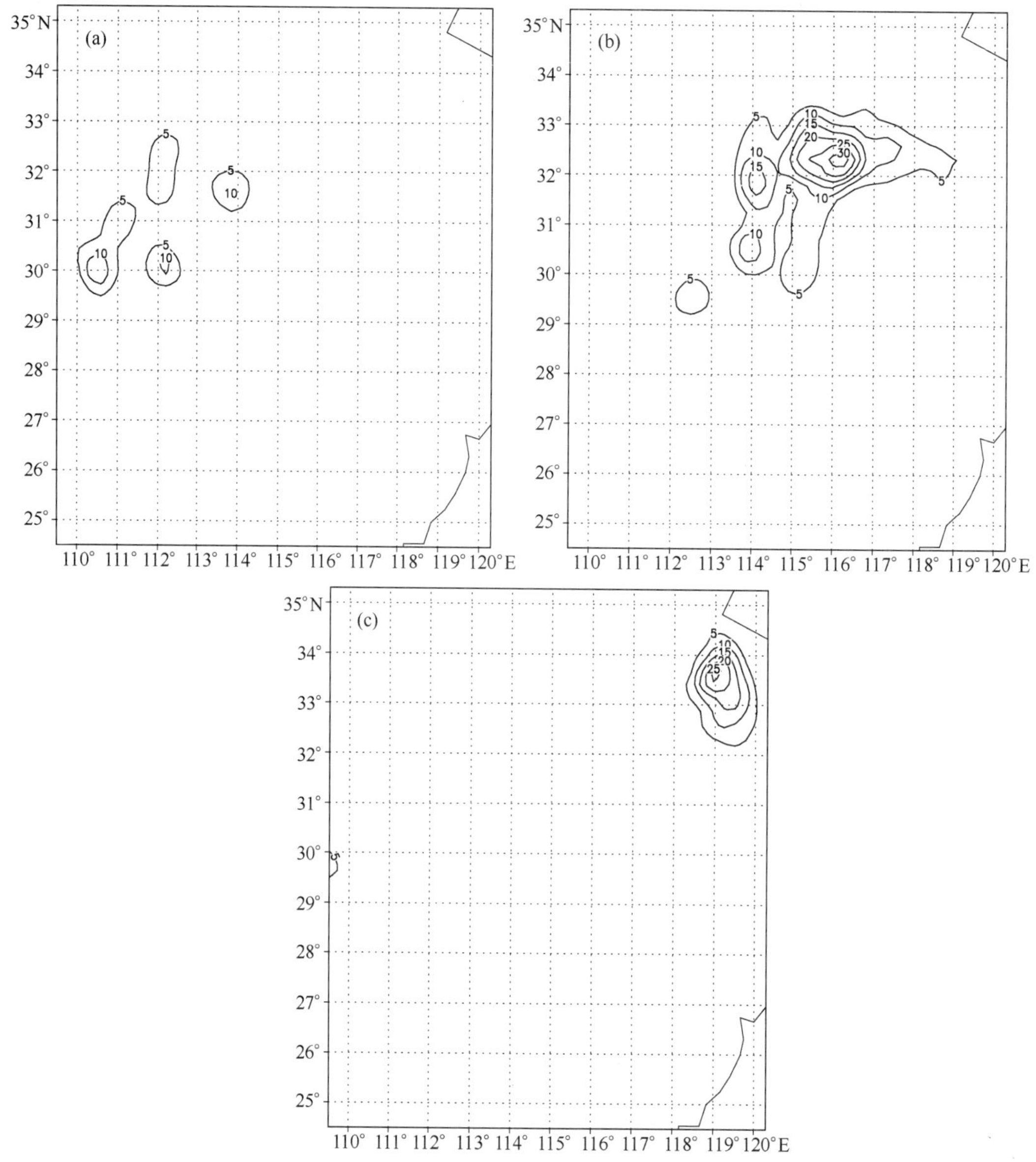

图 11.2 1 h 地面实况降水雨量(单位:mm)

(a)、(b)、(c)分别为 1991 年 7 月 5 日 20 时、6 日 08 时、6 日 20 时

11.2 总的 $\boldsymbol{Q}$ 矢量诊断分析

岳彩军等(2007b)运用改进的湿 $\boldsymbol{Q}$ 矢量($\boldsymbol{Q}^M$)对 1991 年 7 月 5 日 20 时—6 日 20 时此次典型江淮梅雨锋气旋暴雨过程进行具体诊断分析。通过结合降水过程(图 11.2)分析可知,在梅雨锋气旋发展的时期,雨量增强,中尺度特征明显,在带状的雨区中存在着波状分布的降雨核,这也充分体现了气旋降水的不均匀性,600 hPa $\boldsymbol{Q}^M$ 散度辐合场(图略)将主要降水

中心的位置都准确地反映出来，并且在该层上 Q^M 的散度辐合强度与降水强度对应得也非常好，Q^M 的散度辐合中心的位置与其散度辐合强度对降水的落区及降水的强度有非常好的指示作用。在梅雨锋气旋成熟阶段(图 11.3)，600 hPa Q^M 散度场不仅将所有雨区都反映出来了，而且整个雨区的降水不均匀性也被表现得淋漓尽致，每个降水中心都有 Q^M 散度辐合中心与其对应，二者不仅在位置上，而且在强度上对应得都异常的好。这说明当中尺度雨区的非地转特性及凝结潜热释放特征越来越明显时，600 hPa Q^M 散度辐合区与同时刻地面雨区对应得越来越好，Q^M 的诊断效果也越来越好。在梅雨锋气旋的衰弱阶段(图略)，600 hPa Q^M 散度辐合区基本上将主要降水区的分布特征反映出来了，只不过在中心位置配置上稍有一定偏差。总的说来，600 hPa 改进的湿 Q 矢量散度辐合场能很好地反映出地面雨带及降水中心的分布特征，对降水场有很好的指示意义，尤其在梅雨锋暴雨强盛时期，其对同时刻地面降水分布特征反映最好。

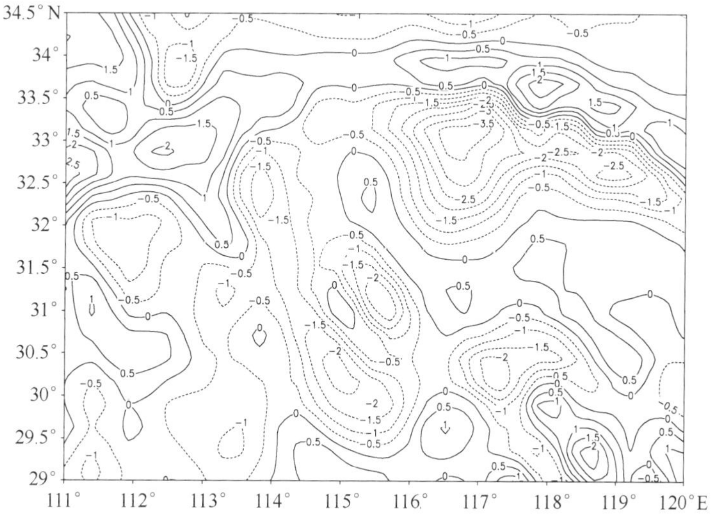

图 11.3　1991 年 7 月 6 日 08 时 600 hPa 改进的湿 Q 矢量散度($2\nabla\cdot Q^M$)场分布

(单位：$\nabla\cdot Q^M$ ：10^{-15} $hPa^{-1}\cdot s^{-3}$)

(图中实线代表辐散，虚线代表辐合)

11.3　Q 矢量分解分析

11.3.1　Q 矢量 PT 分解

岳彩军等(2007b)利用改进的湿 Q 矢量 PT 分解对 1991 年 7 月 5 日 20 时—6 日 20 时此次江淮梅雨锋气旋暴雨过程进行诊断分析，不仅发现在整个梅雨锋暴雨过程中多尺度作用始终存在，更为重要的是，还揭示出了在梅雨锋暴雨的不同阶段不同尺度所起的作用不同。

在江淮梅雨锋气旋的发展阶段，也即梅雨锋暴雨发展时期，对各个时刻的 600 hPa

$2\nabla\cdot\boldsymbol{Q}_T^M$（即为总的 $\boldsymbol{Q}^M$ 散度 $2\nabla\cdot\boldsymbol{Q}^M$）、$2\nabla\cdot\boldsymbol{Q}_n^M$ 及 $2\nabla\cdot\boldsymbol{Q}_s^M$ 的分布特征比较分析发现，这一时期 $2\nabla\cdot\boldsymbol{Q}_s^M$ 与 $2\nabla\cdot\boldsymbol{Q}_T^M$ 的分布特征很相似，而 $2\nabla\cdot\boldsymbol{Q}_n^M$ 与 $2\nabla\cdot\boldsymbol{Q}_T^M$ 的分布特征存在一定的差异，这说明 $2\nabla\cdot\boldsymbol{Q}_s^M$ 是 $2\nabla\cdot\boldsymbol{Q}_T^M$ 的主要成分，其占有主导地位，而 $2\nabla\cdot\boldsymbol{Q}_n^M$ 在 $2\nabla\cdot\boldsymbol{Q}_T^M$ 中所占有的量相对来说是少的，其基本处于次要地位。这也充分反映出在梅雨锋暴雨的发展阶段，大尺度对梅雨锋暴雨的垂直运动场的强迫作用是主要的，锋区尺度所起的强迫作用相对于大尺度而言要弱些，基本处于次要的位置(图 11.4)。

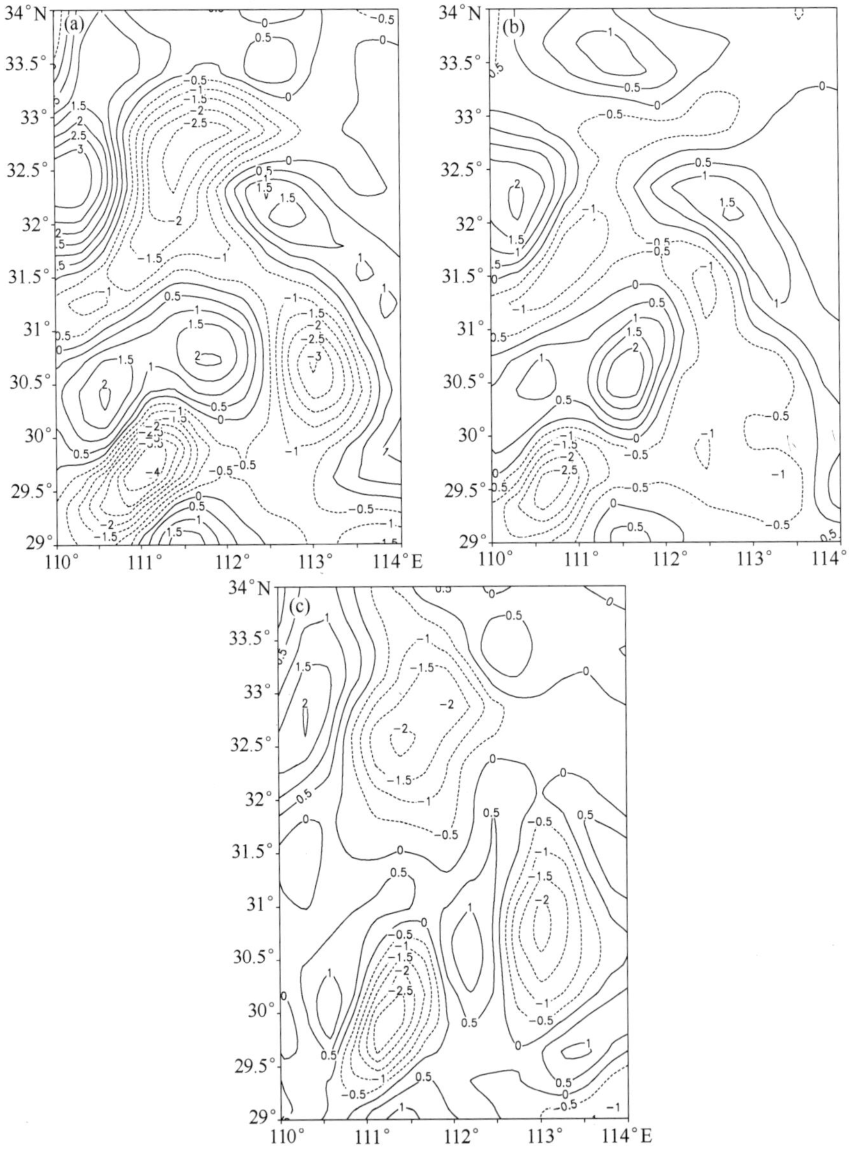

图 11.4　1991 年 7 月 5 日 23 时 600 hPa 改进的湿 $\boldsymbol{Q}$ 矢量散度（$2\nabla\cdot\boldsymbol{Q}^M$）场分布图

(a) $2\nabla\cdot\boldsymbol{Q}_T^M$；(b) $2\nabla\cdot\boldsymbol{Q}_n^M$；(c) $2\nabla\cdot\boldsymbol{Q}_s^M$

（图中实线代表辐散，虚线代表辐合，单位为：10^{-15} hPa$^{-1}\cdot$s^{-3}）

在梅雨锋气旋的成熟强盛时期即梅雨锋暴雨强盛时期，$2\nabla\cdot\boldsymbol{Q}_n^M$ 起着主要作用，在 $2\nabla\cdot\boldsymbol{Q}_T^M$ 中占有绝对主要成分，尤其是在梅雨锋暴雨强盛时期的核心时段基本上可以代表 $2\nabla\cdot\boldsymbol{Q}_T^M$，这也说明梅雨锋暴雨强盛时期的垂直运动场具有明显的锋区特征，而这个时期 $2\nabla\cdot\boldsymbol{Q}_s^M$ 仅起着次要的作用，甚至在梅雨锋暴雨强盛时期的核心时段可以被忽略，这也说明在梅雨锋暴雨强盛阶段大尺度强迫因子对垂直运动的强迫作用是次要的，至多起着背景场的作用(图 11.5)。

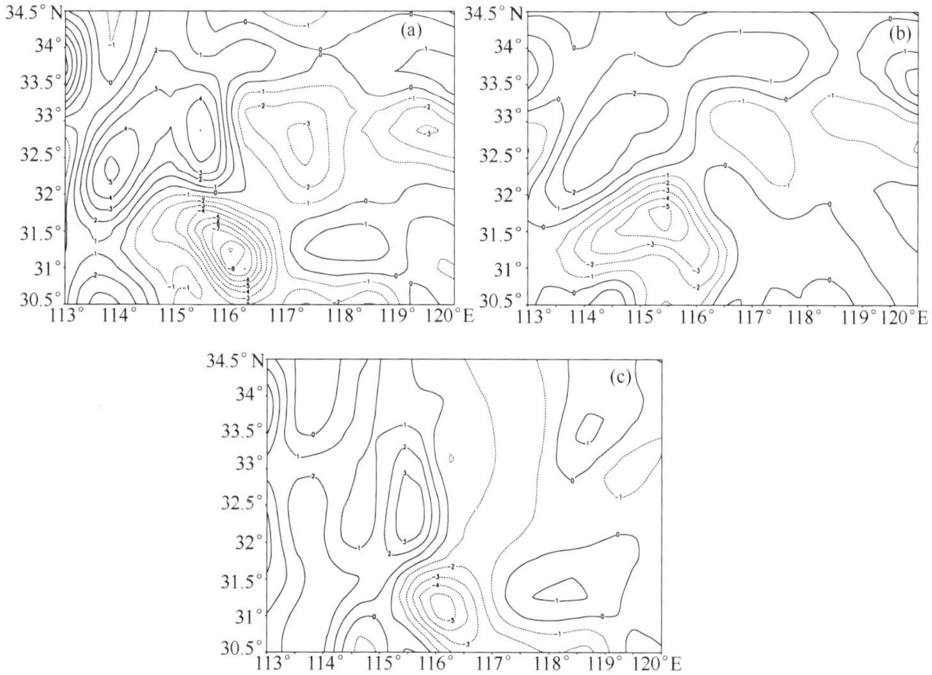

图 11.5　1991 年 7 月 6 日 11 时 600 hPa 改进的湿 $\boldsymbol{Q}$ 矢量散度（$2\nabla\cdot\boldsymbol{Q}^M$）场分布图

(a) $2\nabla\cdot\boldsymbol{Q}_T^M$；(b) $2\nabla\cdot\boldsymbol{Q}_n^M$；(c) $2\nabla\cdot\boldsymbol{Q}_s^M$

(图中实线代表辐散，虚线代表辐合，单位为：10^{-15} $\text{hPa}^{-1}\cdot\text{s}^{-3}$)

在梅雨锋气旋的衰亡阶段(图略)，$2\nabla\cdot\boldsymbol{Q}_n^M$ 及 $2\nabla\cdot\boldsymbol{Q}_s^M$ 对垂直运动场所发挥的强迫作用基本又恢复到梅雨锋气旋的发展阶段，二者相对而言，$2\nabla\cdot\boldsymbol{Q}_s^M$ 的强迫作用逐渐增强而 $2\nabla\cdot\boldsymbol{Q}_n^M$ 的强迫作用逐渐减弱，这揭示出梅雨锋气旋由成熟走向衰亡的过程也是其锋区特征逐渐消失的过程。

通过改进的湿 $\boldsymbol{Q}$ 矢量分解分析，从定量地角度揭示出了锋区尺度和天气尺度在梅雨锋暴雨过程中所起的不同作用。在整个梅雨锋暴雨的发展、强盛及衰亡演变过程中，通过 $2\nabla\cdot\boldsymbol{Q}_n^M$、$2\nabla\cdot\boldsymbol{Q}_s^M$ 在 $2\nabla\cdot\boldsymbol{Q}_T^M$ 中所占比例分析，清晰地发现锋区尺度对垂直运动场的强迫作用由弱到强再逐渐削弱，大尺度的作用则发生着相反的变化。

上述分析充分表明，通过 $\boldsymbol{Q}$ 矢量 PT 分解可以揭露出在不同尺度的天气过程中，不同尺度各自所起得作用不同，这对多尺度相互作用的观点有了更深一层的认识，也使人们对不同尺度天气过程的内在机理认识由总观、模糊到更细致、具体、清晰。这也是“总”的 $\boldsymbol{Q}$ 矢量难以揭示的。因此，$\boldsymbol{Q}$ 矢量的分解对于实际天气过程具有广泛、良好的诊断分析应用价值，它可以揭示出“总”的 $\boldsymbol{Q}$ 矢量难以揭示的天气过程发生的潜在物理机制。

11.3.2　Q 矢量 PG 分解

岳彩军(2008)及 Yue(2009a)基于 700 hPa $\boldsymbol{Q}^N$ 散度场，对 1991 年 7 月 5 日 20 时—6 日 20 时此次江淮梅雨锋气旋暴雨过程进行 $\boldsymbol{Q}^N$ PG 分解研究。

11.3.2.1　5 日 20 时

由图 11.6a、图 11.6b 可以看到，A、B、C 降水中心都处在 $2\nabla\cdot\boldsymbol{Q}_{alst}^N$ 和 $2\nabla\cdot\boldsymbol{Q}_{curv}^N$ 辐合区

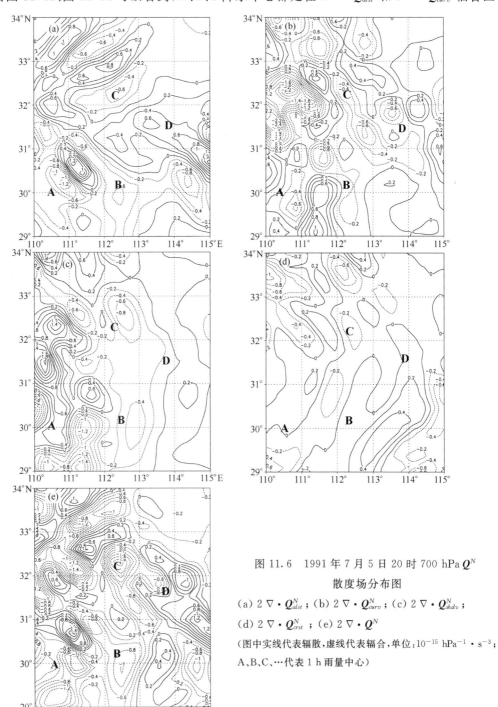

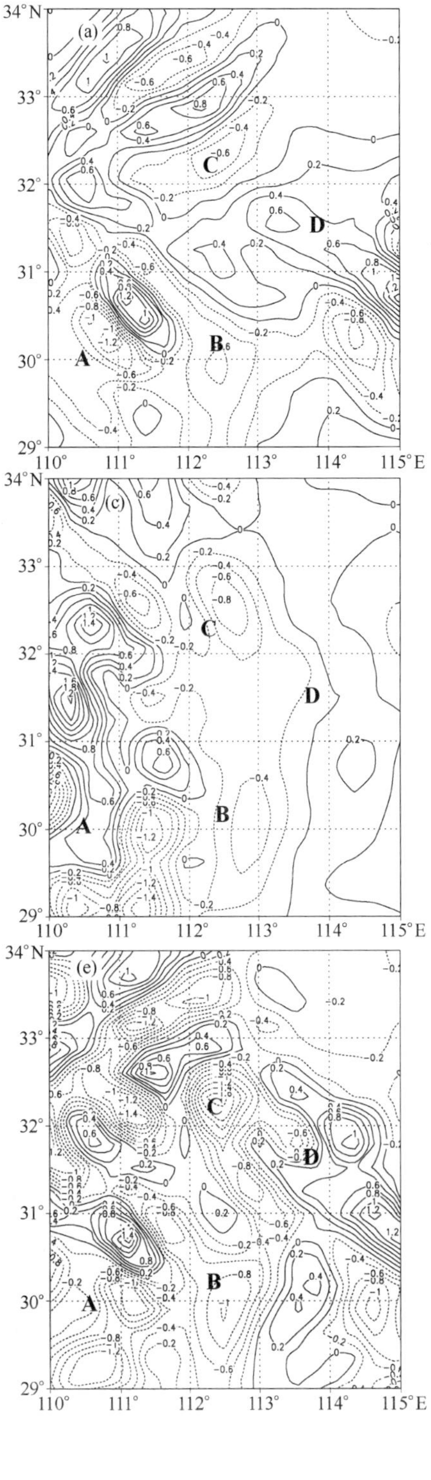

图 11.6　1991 年 7 月 5 日 20 时 700 hPa $\boldsymbol{Q}^N$ 散度场分布图

(a) $2\nabla\cdot\boldsymbol{Q}_{alst}^N$；(b) $2\nabla\cdot\boldsymbol{Q}_{curv}^N$；(c) $2\nabla\cdot\boldsymbol{Q}_{shdv}^N$；(d) $2\nabla\cdot\boldsymbol{Q}_{crst}^N$；(e) $2\nabla\cdot\boldsymbol{Q}^N$

(图中实线代表辐散，虚线代表辐合，单位：$10^{-15}\ \text{hPa}^{-1}\cdot\text{s}^{-3}$；A、B、C、…代表 1 h 雨量中心)

中,B、C降水中心也处在Q_{shdv}^N散度(图11.6c)辐合区中。而Q_{crst}^N散度场(图11.6d)的辐合、辐散特征不明显,对雨区基本无反映。具体情况见表11.1。

表11.1 1991年7月5日20时700 hPa Q矢量散度辐合场对同期1 h雨量中心的反映情况

1 h雨量中心	700 hPa Q矢量散度辐合强度(单位:10^{-15} $hPa^{-1}\cdot s^{-3}$)			
	$2\nabla\cdot Q_{alst}^N$	$2\nabla\cdot Q_{curv}^N$	$2\nabla\cdot Q_{shdv}^N$	$2\nabla\cdot Q_{crst}^N$
A(30.0°N,110.5°E)	−0.6	−0.2	/	/
B(30.1°N,112.2°E)	−0.6	−0.2	−0.2	/
C(32.1°N,112.1°E)	−0.4	−0.4	−0.2	/
D(31.5°N,113.9°E)	/	/	/	/

注:"/"代表基本无Q矢量散度辐合

相对来讲,$2\nabla\cdot Q_{alst}^N$和$2\nabla\cdot Q_{curv}^N$辐合场与雨区对应关系较好,二者占"总"的Q^N散度($2\nabla\cdot Q^N$)(图11.6e)辐合场的比重也相对较大。$2\nabla\cdot Q_{shdv}^N$对雨区的反映能力较前二者略差些,但明显好于$2\nabla\cdot Q_{crst}^N$。另外,我们也注意到,A降水中心处在$2\nabla\cdot Q_{alst}^N$、$2\nabla\cdot Q_{curv}^N$辐合区中,表明A处降水发生主要由Q_{alst}^N和Q_{curv}^N强迫产生的垂直运动造成的。对于B、C降水中心来讲,都处在$2\nabla\cdot Q_{alst}^N$、$2\nabla\cdot Q_{curv}^N$、$2\nabla\cdot Q_{shdv}^N$辐合区中,表明它们主要由Q_{alst}^N、Q_{curv}^N、Q_{shdv}^N共同强迫所造成的。而对于Q_{crst}^N来讲,其对该阶段降水基本不起作用。因此,对于在此次梅雨锋气旋暴雨的发展阶段,Q_{alst}^N、Q_{curv}^N对降水的发生起主要强迫作用,Q_{shdv}^N强迫作用次于前二者,而Q_{crst}^N对降水的发生基本无影响。对于D降水中心来讲,在$2\nabla\cdot Q^N$场上也反映不出来,其可能主要是由对流凝结潜热造成的。

11.3.2.2 6日08时

由图11.7a可知,雨区基本都处在Q_{alst}^N散度辐合区中,$2\nabla\cdot Q_{alst}^N$辐合场将降水分布的不均匀性很好地体现出来了。32°—33°N之间的主雨带也处在弱的Q_{curv}^N散度(图11.7b)辐合区中,与雨区对应的$2\nabla\cdot Q_{curv}^N$辐合强度较$2\nabla\cdot Q_{alst}^N$弱,对该主雨带的不均匀特征也基本无反映。同时主雨带以南的雨区在$2\nabla\cdot Q_{curv}^N$辐合场上也基本体现不出。图11.7c中$2\nabla\cdot Q_{shdv}^N$辐合区将主要降水区很好地反映出来了,对于位于32°—33°N之间的主雨带来讲,其所包含的E强降水中心也被$2\nabla\cdot Q_{shdv}^N$辐合中心很好反映出来了,但主雨带东西向狭长分布特征在$2\nabla\cdot Q_{shdv}^N$辐合场上体现不出来。整个雨区上空$2\nabla\cdot Q_{crst}^N$(图11.7d)的辐合、辐散特征仍不明显,亦即此时的$2\nabla\cdot Q_{crst}^N$场对雨区仍无反映。具体情况见表11.2。

表11.2 1991年7月6日08时700 hPa Q矢量散度辐合场对同期1 h雨量中心的反映情况

1 h雨量中心	700 hPa Q矢量散度辐合强度(单位:10^{-15} $hPa^{-1}\cdot s^{-3}$)			
	$2\nabla\cdot Q_{alst}^N$	$2\nabla\cdot Q_{curv}^N$	$2\nabla\cdot Q_{shdv}^N$	$2\nabla\cdot Q_{crst}^N$
E(32.5°N,116.2°E)	−0.4	−0.2	−0.6	/
F(32.0°N,114.2°E)	/	/	/	/
G(30.5°N,114.0°E)	−0.6	/	−1.0	/
H(31.0°N,115.5°E)	−1.2	/	−0.4	/

注:"/"代表基本无Q矢量散度辐合

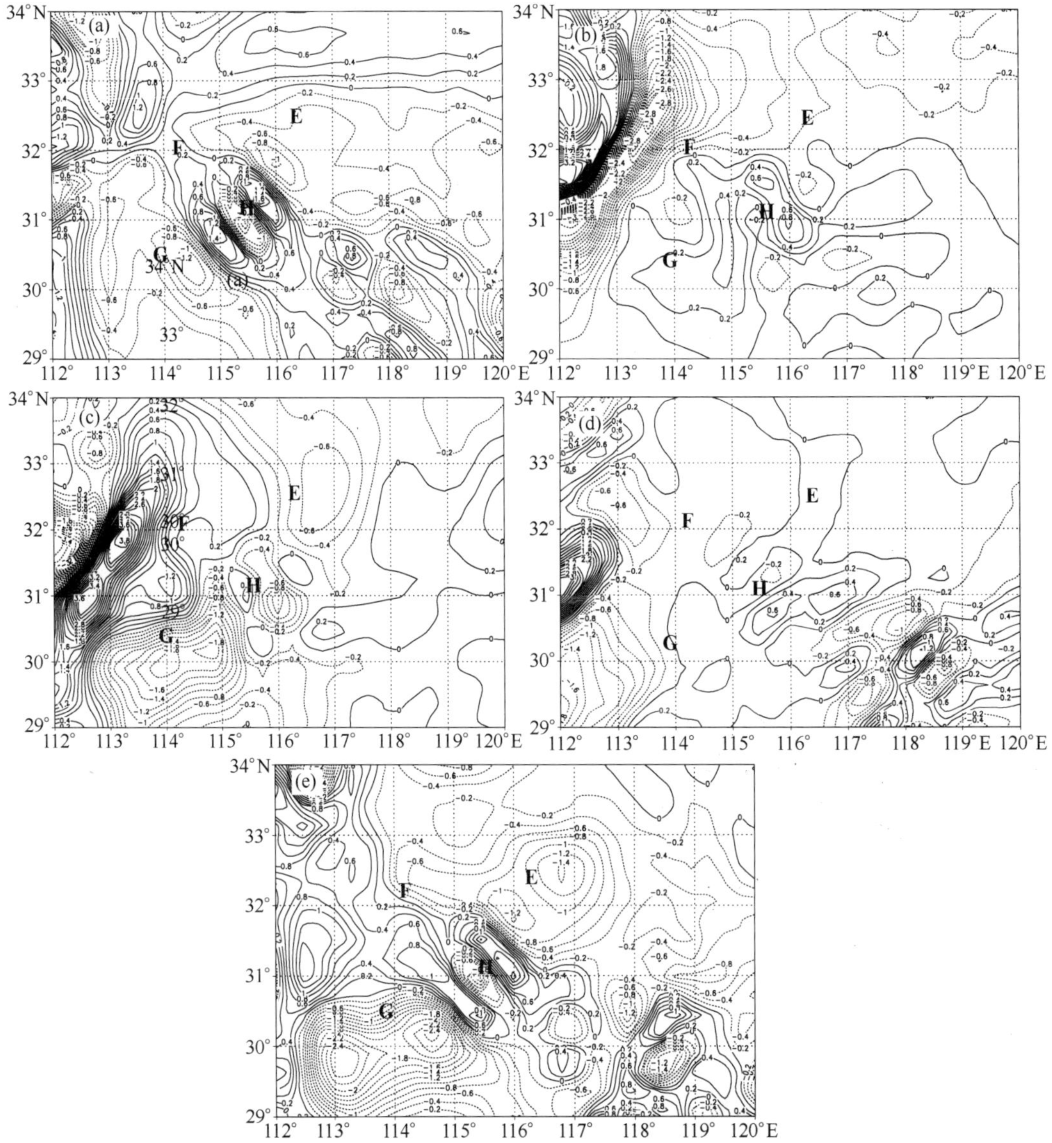

图 11.7 除日、时为 1991 年 7 月 6 日 08 时外，其他同图 11.6

图中 E、F、G、…代表 1 h 雨量中心

简而言之，Q^N_{alst} 散度辐合场对整个雨区的片状及主雨区的带状分布特征反映能力强，对降水分布的不均匀性也有较强反映。Q^N_{shdv} 散度辐合场对主要降水中心有较好反映能力，但反映不出主雨带的东西向带状分布特征。结合 $2\nabla\cdot Q^N$（图 11.7e）来看，$2\nabla\cdot Q^N_{alst}$、$2\nabla\cdot Q^N_{shdv}$ 水平分布特征与 $2\nabla\cdot Q^N$ 最为相似，二者占有较大比重。Q^N_{curv} 散度辐合场只是对主雨带有所反映，但与雨区对应的辐合强度较弱。这表明，降水主要由 Q^N_{alst}、Q^N_{shdv} 及 Q^N_{curv} 共同强迫产生，其中 Q^N_{alst}、Q^N_{shdv} 的贡献更大，降水中心主要由二者共同强迫所致。Q^N_{crst} 对整个降水的发生基本无贡献。

相对于 5 日 20 时来讲，Q^N_{alst} 对降水的发生依然起主要的强迫作用，而 Q^N_{curv} 的强迫作用明显减弱，相反，Q^N_{shdv} 的强迫作用显著增强。Q^N_{crst} 依旧对降水发生不起作用。

11.3.2.3　6 日 20 时

由图 11.8a、图 11.8d 可知，在 Q_{alst}^{N}、Q_{crst}^{N} 散度场中都有明显的辐合中心与“总”的 Q^{N} 散

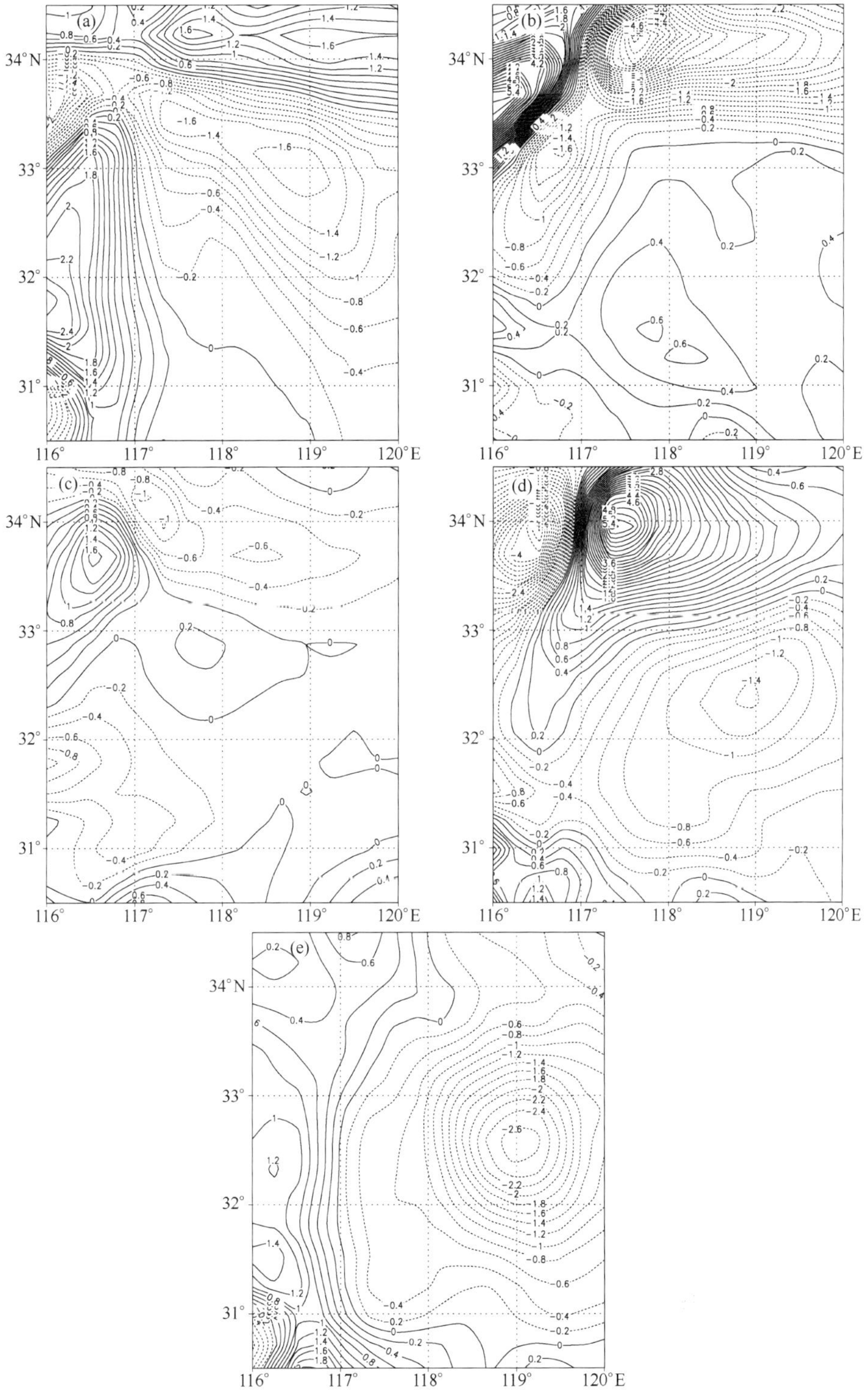

图 11.8　除日、时为 1991 年 7 月 6 日 20 时外，其他同图 11.6

度(图 11.8e)辐合中心对应,且辐合场的水平分布特征也非常相似,表明 $2\nabla\cdot\boldsymbol{Q}^N_{alst}$、$2\nabla\cdot\boldsymbol{Q}^N_{crst}$ 在 $2\nabla\cdot\boldsymbol{Q}^N$ 中占有较大比例,对此时的降水起主要强迫作用。而对于 $\boldsymbol{Q}^N_{curv}$ 来讲,与 $2\nabla\cdot\boldsymbol{Q}^N$ 辐合区对应的为 $2\nabla\cdot\boldsymbol{Q}^N_{curv}$(图 11.8b)辐散区,表明 $\boldsymbol{Q}^N_{curv}$ 对降水的发生不仅没有起到促进作用,相反,其引发的下沉运动不利于降水的发生。在 $2\nabla\cdot\boldsymbol{Q}^N$(图 11.8e)辐合区内 $2\nabla\cdot\boldsymbol{Q}^N_{shdv}$(图 11.8c)的辐合、辐散特征为相间分布,强度都较弱,对降水发生的促进或抑制作用不明显。同时我们也注意到,在这个阶段,$2\nabla\cdot\boldsymbol{Q}^N_{alst}$ 与 $2\nabla\cdot\boldsymbol{Q}^N_{curv}$ 的辐合、辐散特征几乎呈反位相,二者之间存在明显的相互抵消现象,同时在 $2\nabla\cdot\boldsymbol{Q}^N_{shdv}$ 与 $2\nabla\cdot\boldsymbol{Q}^N_{crst}$ 之间也存在上述类似现象。而这种明显的相互抵消现象在 5 日 20 时和 6 日 08 时都未曾出现过。

综合上述分析结果表明,在梅雨锋气旋的各个阶段,$\boldsymbol{Q}^N_{alst}$ 都有助于梅雨锋气旋引发降水发生;$\boldsymbol{Q}^N_{curv}$ 的强迫作用与梅雨锋气旋的演变位相基本是反位相,即在梅雨锋气旋的发展阶段,其对梅雨锋气旋引发降水起明显的促进作用,在梅雨锋气旋的强盛阶段,其促进作用明显减弱,到衰亡阶段,其对降水得发生起抑制作用;$\boldsymbol{Q}^N_{shdv}$ 的促进作用与梅雨锋气旋发展基本是同位相,随着梅雨锋气旋发展、强盛,其对梅雨锋气旋引发降水的促进作用明显增强,随着梅雨锋气旋东移减弱,其对降水的促进作用也迅速减弱;$\boldsymbol{Q}^N_{crst}$ 的强迫作用较为特殊,其在梅雨锋气旋的发生及强盛时期,对降水的发生基本无贡献,但到梅雨锋气旋衰亡阶段,它对降水的发生却起了明显的促进作用。这一方面揭示出,在整个梅雨锋气旋过程中都有降水发生,主要是因为在这个过程中一直都有促进降水发生的强迫因子存在。另一方面揭示出,在梅雨锋气旋的不同阶段降水分布及强度特征又存在明显的差异,这主要是由于不同阶段导致降水发生的各个强迫因子存在明显的差异所致。其实,即使处在梅雨锋气旋同一个阶段,降水也会存在明显的不均匀分布特征,这可能是由于引发不同区域降水产生的强迫因子及其强度不同所致。这些具体内在强迫因素通过"总"的 $\boldsymbol{Q}^N$ 是无法揭示出来的,且在以往的研究中也很难对其进行定量化描述。

通过 $\boldsymbol{Q}^N$PG 分解可以揭示出梅雨锋气旋不同阶段降水的强迫因子是不同的。在梅雨锋气旋的发生发展阶段,$\boldsymbol{Q}^N_{alst}$、$\boldsymbol{Q}^N_{curv}$ 及 $\boldsymbol{Q}^N_{shdv}$ 都对降水发生起着主要促进作用,尤其是 $\boldsymbol{Q}^N_{alst}$ 和 $\boldsymbol{Q}^N_{curv}$ 的促进作用更为明显。在梅雨锋气旋的强盛时期,$\boldsymbol{Q}^N_{alst}$ 与 $\boldsymbol{Q}^N_{shdv}$ 对降水发生起主要强迫作用。在梅雨锋气旋的衰亡阶段,$\boldsymbol{Q}^N_{alst}$ 与 $\boldsymbol{Q}^N_{crst}$ 对降水发生起主要强迫作用。也就是说,对于此次梅雨锋气旋暴雨过程来讲,通过 $\boldsymbol{Q}^N$ PG 分解诊断分析研究,我们可以清楚地发现,哪些因子会一直促进降水的发生,哪些因子在梅雨锋气旋的不同阶段会起不同的作用。在梅雨锋气旋的不同阶段都有降水发生,是因为一直都有促进降水发生的因子存在,但在不同阶段导致降水发生的强迫因子有明显的不同。即使在梅雨锋气旋的同一个阶段,引发不同区域降水产生的促进因子及其强度也并非完全相同。这些都可以通过 $\boldsymbol{Q}^N$ PG 分解定量地揭示出来,这也正是进行 $\boldsymbol{Q}^N$ PG 分解的魅力所在。它可以揭示出"总"的 $\boldsymbol{Q}$ 矢量难以揭示的物理潜在机制,又完全不同于 $\boldsymbol{Q}$ PT 分解,从而为达到所需研究目的提供了一种非常有效的手段。尽管在目前的研究工作中没有考虑非绝热加热作用,但也揭示出了许多以往研究中所没有揭示出来的潜在物理机制。

最后需要指出的是,$\boldsymbol{Q}^N_{alst}$ 与 $\boldsymbol{Q}^N_{curv}$ 都是沿等高线方向即 s 轴方向,$2\nabla\cdot\boldsymbol{Q}^N_{alst}$ 与 $2\nabla\cdot\boldsymbol{Q}^N_{curv}$ 之间可发生相互增强或抵消作用。同样,$\boldsymbol{Q}^N_{shdv}$ 与 $\boldsymbol{Q}^N_{crst}$ 都是沿穿越等高线方向即 n 轴方向,$2\nabla\cdot\boldsymbol{Q}^N_{shdv}$ 和 $2\nabla\cdot\boldsymbol{Q}^N_{crst}$ 之间也可发生相互增强或抵消作用。

12 Q 矢量在登陆台风降水中的应用

登陆热带气旋(TC)带来的强降水常会直接造成严重的自然灾害,并引发严重的次生自然灾害,给国民经济及人民生命财产造成重大损失。但登陆热带气旋定量降水预报一直面临巨大挑战。从长远角度考虑,若想提高登陆TC降水预报准确率,非常有必要深入理解和全面认识登陆TC降水的形成机制。事实上,关于TC暴雨形成机理已开展过大量的研究工作,取得了许多进展及丰富成果,但目前登陆TC暴雨形成的真正原因仍尚未完全清楚。原因一方面可能在于登陆TC暴雨形成的复杂性,另一方面可能在于许多研究使用的诊断分析工具不够先进,同时对问题的考虑主要基于定性的角度,从而很难取得更深入的认识和理解。因此,采用先进的诊断分析工具,从定量化角度,深入探讨登陆TC暴雨形成机制是非常必要的,且具有非常重要的实用价值及重要的科学意义。鉴于每年TC登陆频繁,且影响范围大,国内外许多学者从不同的角度,采用不同的手段、方法,广泛开展了登陆TC暴雨形成机理的研究工作。2005年第5号登陆台风“海棠”在7月19日08时—20日08时(北京时,下同)期间,给福建省东北部及浙江省境内造成大范围暴雨。针对此次台风降水过程,在WRF模式成功模拟的基础上,岳彩军(2009a,2009b,2010c)、Yue(2009b)及岳彩军等(2008c,2010b)开展了具体深入研究。下面进行具体介绍。

12.1 天气过程简介

2005年第5号台风“海棠”于7月12日08时在关岛东北洋面上生成并向偏西移动,强度逐渐加强,18日14时50分第一次在台湾省宜兰市登陆,穿越台湾省后进入台湾海峡,19日17时10分再次在福建省连江市黄岐镇登陆。以后在福建省境内继续向西北偏西移动,经过福建省中北部进入江西省境内。在2005年7月19日08时—20日08时24 h期间,即“海棠”台风登陆福建省前后24 h内(图12.1a),造成福建省东北部及浙江省境内(26.5°—30°N,119°—122°E)陆地上有27个站雨强达50.0 mm/24h以上,其中18个站雨强在100.0 mm/24h以上,10个站雨强在200.0 mm/24h以上,9个站雨强在250.0 mm/24h以上,并且在(28.11°N,120.95°E)、(27.85°N,121.18°E)附近还分别出现了411 mm/24h最大降水中心、384 mm/24h次最大降水中心。可见,“海棠”台风再次登陆期间所带来的降水强度非常显著。

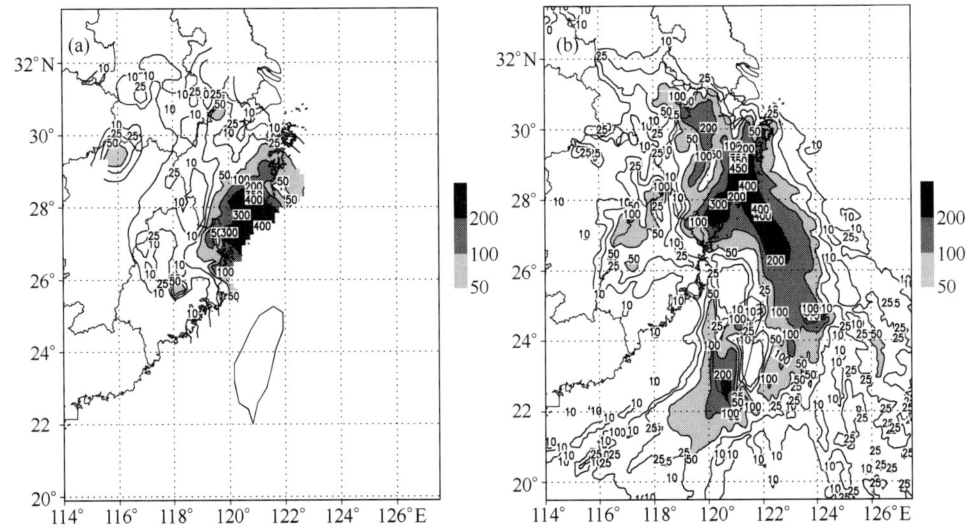

图 12.1　24 h 实况(a)和 WRF 模式模拟(b)的累积降水量(单位:mm)

12.2　“海棠”台风(2005)暴雨成因定量分析

12.2.1　暴雨区域的确定

鉴于 WRF 模式对(26.5°—30°N,119°—122°E)区域内“海棠”台风暴雨有较强的模拟能力(图 12.1b),同时考虑到该区域内现有观测资料站点稀疏的实际情况,将该区域内模式模拟的 50.0 mm/24h 以上暴雨区(图 12.2 中阴影区)作为研究区域,且将模式模拟输出结果作为诊断分析资料。另外,针对所确定的“海棠”台风暴雨区(图 12.2 中阴影区),作该区域

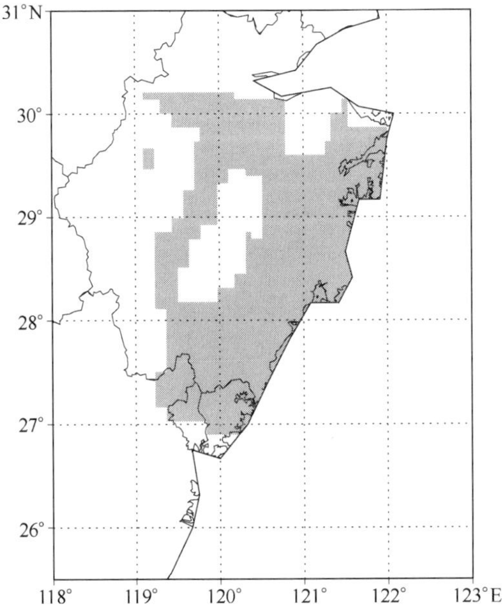

图 12.2　模拟的 2005 年 7 月 19 日 08 时—20 时 08 时期间 50 mm/24h 以上暴雨区域(阴影区)

范围内计算值平均。

从暴雨区平均的逐小时雨量(记为 RM)演变(图 12.3)可见,在“海棠”台风登陆前 19 日 08 时至 19 日 12 时期间,RM 逐渐增强,而在 19 日 12 时至台风登陆时即 19 日 16 时期间,RM 呈减弱态势且在台风登陆时刻减弱更为明显,在台风登陆之后,RM 又呈增强趋势并于 19 日 23 时达到最强 8.8 mm/h,之后又迅速衰减。可见,暴雨区平均的逐时雨量有明显的时间变化特征。

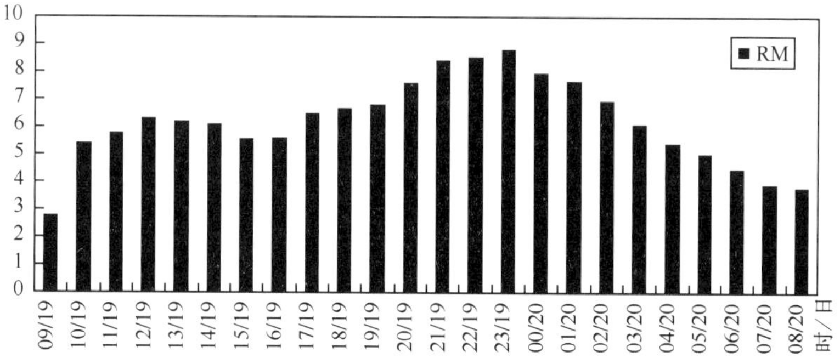

图 12.3 2005 年 7 月 19 日 08 时—20 日 08 时期间暴雨区平均的逐时雨量(RM)(单位:mm)

12.2.2 潜热计算分析

一般来讲,潜热 H 包括两个部分:大尺度(或稳定性)潜热加热 H_L 和对流潜热加热 H_C,即 $H=H_L+H_C$。那么在“海棠”台风暴雨过程中,潜热释放情况是怎样的呢?本节将进行具体分析。

由图 12.4 可知,在“海棠”台风登陆期间,暴雨区平均的气柱内(1000～100 hPa)伴有大量潜热释放,结合逐时雨量(图 12.3)分析发现,总潜热 H 与逐时雨量 RM 强度密切相关,二者随时间的演变特征基本属同位相,开始潜热释放随时间增加,之后随时间下降且在台风登陆时刻降到最低,但在台风登陆之后,潜热释放又呈递增趋势,直到 20 日 02 时才开始下降。可以讲,潜热释放与台风降水强度二者随时间的演变特征基本一致,这表明在“海棠”台风暴雨过程中不仅伴有大量潜热释放,同时潜热释放量与台风降水强度关系密切。进一步分析发现,对流潜热 H_C 随时间演变特征与总潜热 H 较为一致,而对于大尺度潜热 H_L 来讲,在台风登陆前随时间基本维持不变,但在台风登陆之后,其随时间的演变特征也基本上与总潜热 H 一致。同时,将 H_C 与 H_L 对比分析发现,在台风登陆前,H_C 约是 H_L 的 2～5 倍,登陆时二

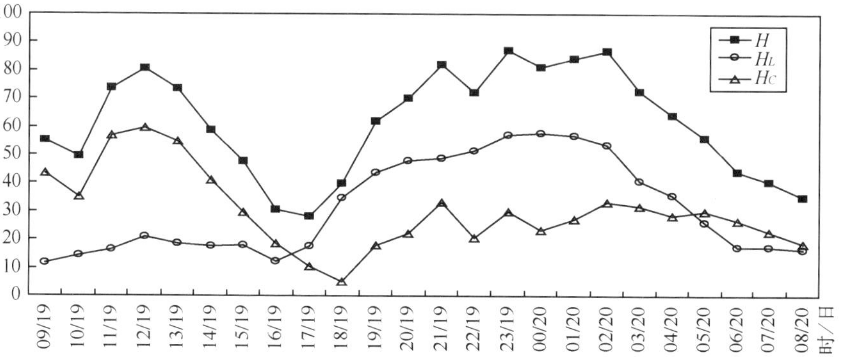

图 12.4 暴雨区平均的气柱(1000～100 hPa)内水汽凝结潜热(单位:$10^{-2}\,m^2 \cdot s^{-3}$)

者基本相等，而在台风登陆后的 11 h 内 H_L 基本上约是 H_C 的 2 倍，也就是说，在台风登陆前，H_C 扮演主要角色，在 H 中占有主要成分，而在台风登陆后，则相反，H_L 在 H 中占有主要成分，扮演主要角色。值得一提的是，H_L 与 H_C 二者在台风登陆后随时间的演变特征较为相似，均与同期 RM 雨量变化特征一致，表明二者均与台风登陆后的 RM 雨量变化密切相关。同时，我们也应注意到，尽管在整个台风暴雨期间 H_C 与同期 RM 的时间演变特征较为相似，但二者差异也是明显的，H_C 的最大值出现在台风登陆之前，而 RM 的最大值出现在台风登陆之后，这也从一个侧面反映出在台风登陆之后 H_C 作用相对是下降的。上述分析表明，在“海棠”台风暴雨过程中伴随大量潜热释放，且随时间有明显的变化。因此，考虑潜热加热将有助于理解“海棠”台风暴雨形成机制。

12.2.3 改进的湿 Q 矢量分析

由图 12.5a 可知，在台风登陆期间，暴雨区平均的 $\boldsymbol{Q}^M$ 强迫的垂直上升运动的垂直分布及时间演变特征变化明显。结合 RM 雨量变化特征（图 12.3）分析发现，二者联系紧密，且基于图 12.5a 可以很好解释图 12.3 中 RM 时间变化特征，具体情况为，RM 在 19 日 12 时—13 时之前呈递增趋势，同期 $\boldsymbol{Q}^M$ 强迫的垂直上升运动也随时间递增，而之后，RM 减弱并在台风登陆时降到最小，而在同期 $\boldsymbol{Q}^M$ 强迫产生的垂直运动场上也可以看出，700～500 hPa 气柱内垂直上

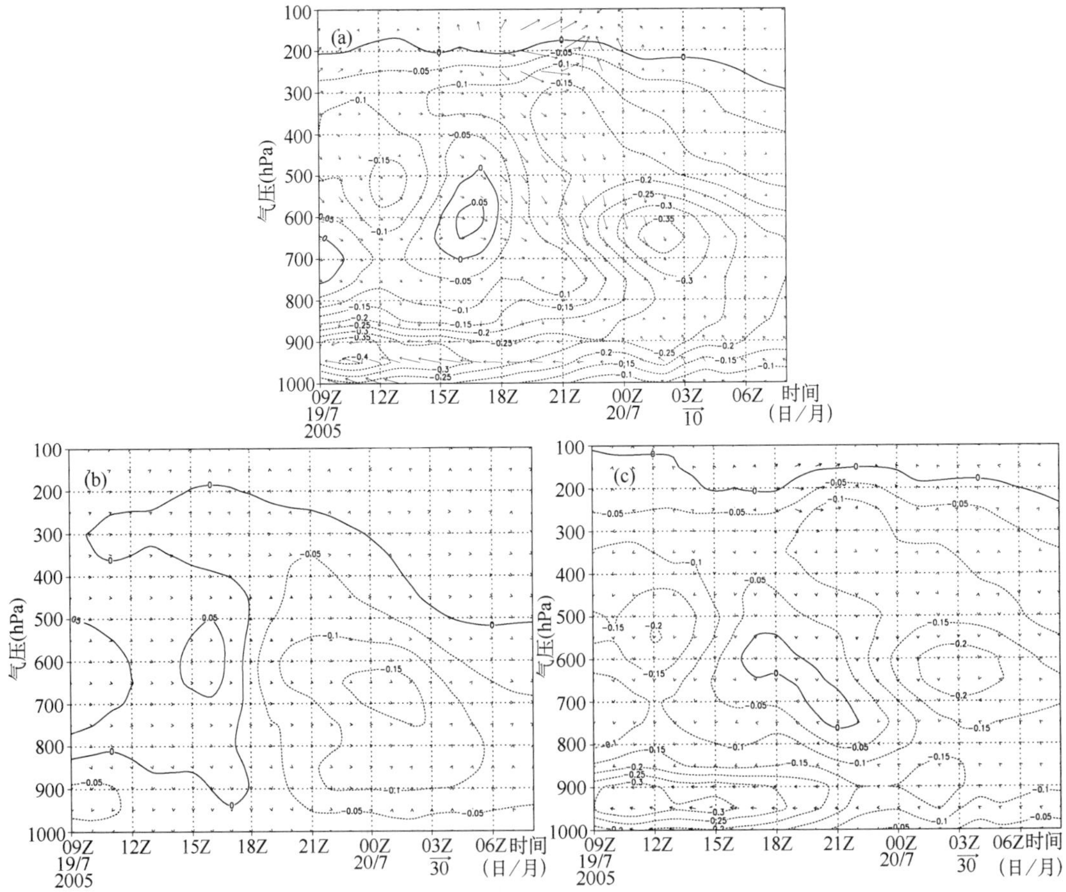

图 12.5 暴雨区平均的 **Q** 矢量强迫产生的垂直速度(单位:Pa/s)

(a)、(b)及(c)分别代表 ω^M、ω_s^M 及 ω_n^M，且箭头为相应的 **Q** 矢量(单位:10^{-10} m · hPa^{-1} · s^{-3})。

升运动减弱并转为下沉运动，且在台风登陆时出现了 0.05 Pa/s 最大下沉运动，这显然不利于降水增加，而促使其减弱。之后，RM 在 19 日 23 时之前逐渐增强，且在 23 时达到最大，与此同时，$\boldsymbol{Q}^M$ 强迫产生的垂直上升运动也是随时间增强，并于 20 日 02 时在 650 hPa 出现了最大上升运动中心－0.35 Pa/s，之后，RM 迅速减弱，同期 $\boldsymbol{Q}^M$ 强迫产生的上升运动也是迅速减弱。上述分析表明，$\boldsymbol{Q}^M$ 强迫产生的上升运动随时间的演变特征与逐时雨强变化非常一致。值得注意的是，在台风暴雨形成过程中，并不意味着暴雨区上空整层大气始终都是上升运动，在台风登陆时，在 500～700 hPa 中低层出现下沉运动，对应的台风降水也相对减弱。通过改进的湿 $\boldsymbol{Q}$ 矢量分析，可以很好地揭示出“海棠”台风暴雨雨强有时间变化演变特征的原因所在。

进一步将图 12.5b 及图 12.5c 分别与图 12.5a 比较发现，图 12.5c 与图 12.5a 中的垂直运动场的分布特征非常相似，而图 12.5b 与图 12.5a 中的垂直速度场的分布特征存在一定差异，这说明 ω_n^M 是 ω^M 的主要成分，其占有主导地位，而 ω_s^M 在 ω^M 中所占有的量相对来说是少的，其基本处于次要地位。这也充分反映出，中尺度对台风暴雨的垂直运动场的强迫作用是主要的，大尺度所起的强迫作用相对于中尺度而言要弱些，基本处于次要的位置。通过对比分析三者强迫产生的 24 小时累积雨量场(图 12.6)，上述特征可以得到更为直观的反映。

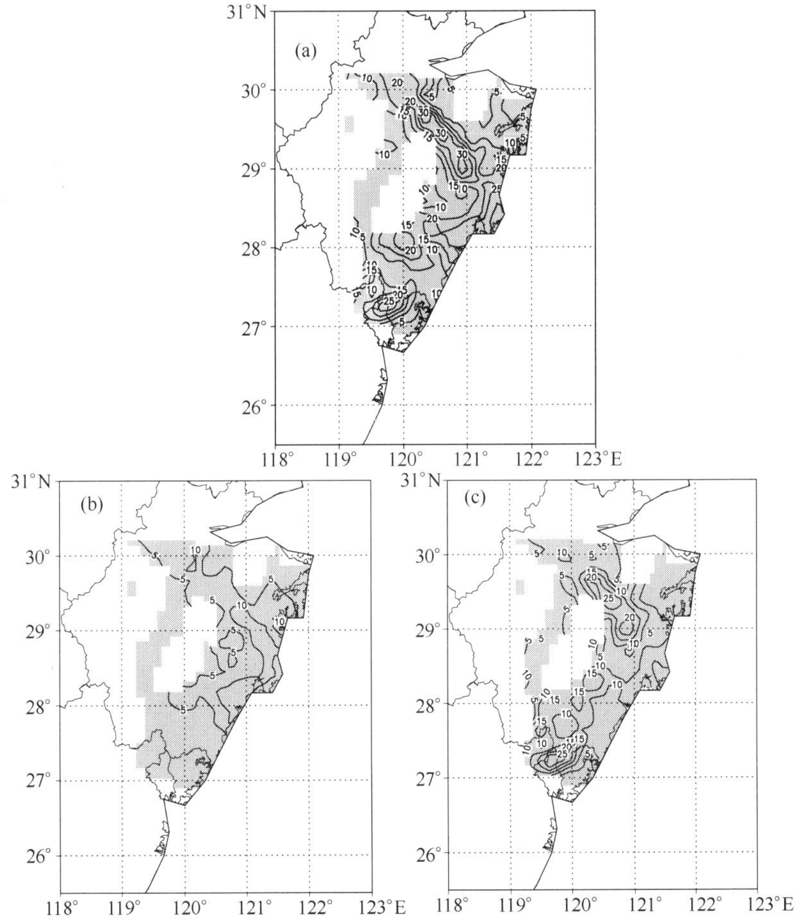

图 12.6 $\boldsymbol{Q}^M$ 强迫产生的 24 h 累积降水场(单位：mm)

(a)、(b)及(c)分别代表 $2\nabla\cdot\boldsymbol{Q}_T^M$、$2\nabla\cdot\boldsymbol{Q}_s^M$ 及 $2\nabla\cdot\boldsymbol{Q}_n^M$ 强迫结果，(a)—(c)中阴影代表模拟的 50 mm/24h 以上暴雨区域。

$2\nabla \cdot \boldsymbol{Q}_n^M$（图 12.6c）与 $2\nabla \cdot \boldsymbol{Q}_T^M$（图 12.6a）强迫产生的降水场水平分布特征非常相似，而 $2\nabla \cdot \boldsymbol{Q}_s^M$（图 12.6b）与 $2\nabla \cdot \boldsymbol{Q}_T^M$（图 12.6a）强迫产生的降水场的水平分布特征存在明显差异，并且图 $2\nabla \cdot \boldsymbol{Q}_n^M$ 强迫产生的降水强度也明显较 $2\nabla \cdot \boldsymbol{Q}_s^M$ 强迫产生的降水强度强，更接近于 $2\nabla \cdot \boldsymbol{Q}_T^M$ 强迫产生的降水强度。

上述分析表明，$\boldsymbol{Q}^M$ 对“海棠”台风暴雨具有很强的诊断能力，可以揭示出降水强度时间演变特征出现变化的原因所在。进一步 $\boldsymbol{Q}^M$ 分解研究表明，分解 $\boldsymbol{Q}^M$ 可以揭露出在“海棠”台风暴雨过程中，不同尺度各自所起的作用不同。可以讲，$\boldsymbol{Q}^M$ 分解不仅使得人们对多尺度相互作用的观点有了更深一层认识，同时也使人们对台风暴雨过程中不同尺度作用内在机理的认识由总观、模糊到更细致、具体、清晰。这也是“总”的 $\boldsymbol{Q}^M$ 难以揭示的。

12.2.4　地形作用分析

许多研究表明，地形在登陆 TC 降水中扮演着非常重要的角色。由图 12.3 也可以看到，“海棠”台风暴雨区平均的逐时最大降水也是发生在台风登陆之后。那么地形究竟对“海棠”台风暴雨形成的贡献如何呢？

由图 12.7 可知，在整个“海棠”台风再次登陆期间，地形都强迫产生垂直上升运动，其强度随时间的演变特征为：在台风登陆前，随时间变化不大。在台风登陆之后，其强度逐渐增加，并于 20 日 02—03 时达到最大。之后，逐渐减弱。结合同期逐时雨量（图 12.3）分析发现，台风登陆前，二者随时间演变特征并不密切，但在台风登陆后，二者随时间的演变特征非常相似，也即表明地形作用与雨强变化二者关系密切。进一步分析发现，地形抬升作用在整个台风再次登陆期间都强迫产生上升运动，但其大小随时间基本无变化，这表明地形抬升作用对降水发生的贡献是稳定、持续的。而对于地表摩擦作用来讲，其强迫产生的垂直运动随时间的演变特征与 WTF 及 RM 都很相似，但在台风登陆前后其强迫产生的垂直运动的性质却存在明显差异，具体情况为，在台风登陆前主要引发下沉运动，而在台风登陆之后，其逐渐强迫产生垂直上升运动，且强度逐渐增强，并在 19 日 23 时之后超过地形抬升强迫产生的垂直上升速度的大小。上述分析表明，地形强迫对降水发生的促进作用主要发生在台风登陆之后。地形抬升对降水发生的促进作用稳定、持续，在台风登陆前后基本无变化，而地表

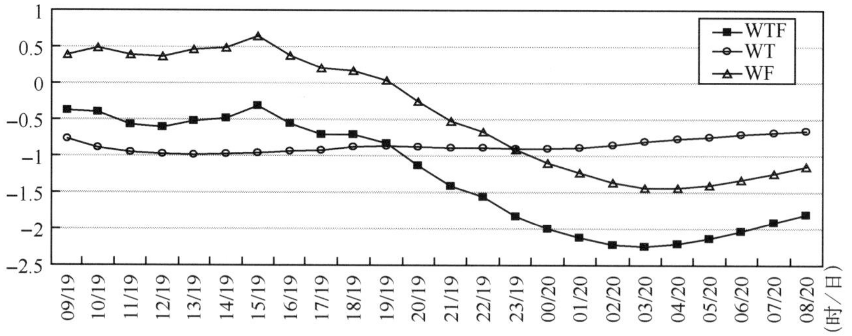

图 12.7　暴雨区平均的地形作用强迫产生的垂直速度（单位：Pa/s）

WT、WF 分别为地形抬升、地表摩擦强迫产生的垂直速度，且 WTF＝WT＋WF。

摩擦对降水作用在台风登陆前后差异明显。相对来讲，台风登陆前，地形抬升是促进降水发生的主要因子，而当台风登陆之后，地表摩擦作用逐渐增强，并演变为主要因子。

进一步分析地形抬升与地表摩擦作用各自强迫产生的 24 h 累积雨量场(图 12.8)发现，二者的水平分布特征有许多相似之处，但地表摩擦强迫产生的最大降水强度(图 12.8b)约是地形抬升强迫产生的最大降水强度(图 12.8a)的 2～3 倍。可见，总体而言，地表摩擦对登陆台风暴雨的形成起着相对更为重要的作用。

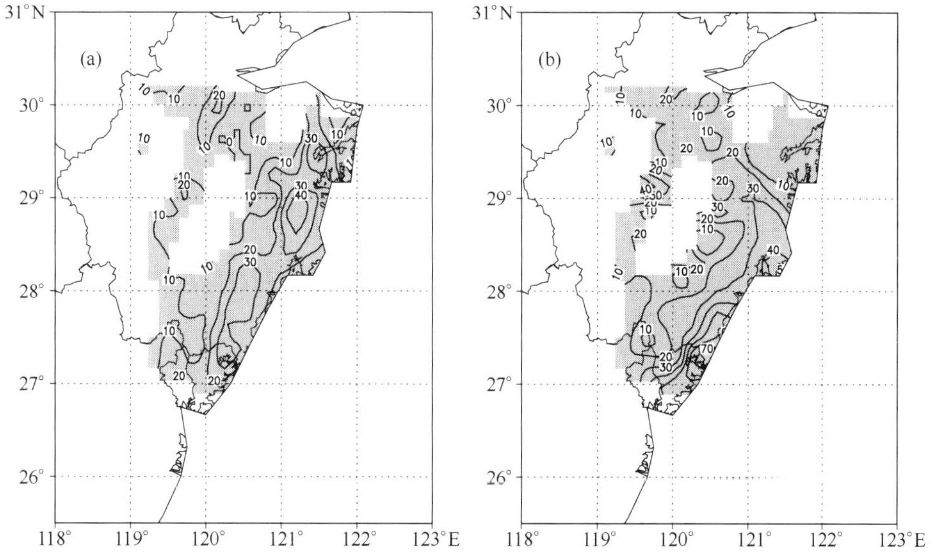

图 12.8　地形抬升(a)及地表摩擦(b)作用强迫产生的 24 h 累积降水场(单位:mm)

(a)、(b)中阴影区代表模拟的 50 mm/24h 以上暴雨区域

12.2.5　分析与讨论

12.2.5.1　改进的湿 Q 矢量与地形作用对比分析

上述分析表明，改进的湿 Q 矢量及地形的强迫作用均与“海棠”台风暴雨形成密切相关，那么二者对台风暴雨形成的相对贡献又是如何呢？下面将基于二者强迫产生的降水量进行比较分析。由二者各自强迫产生的 24 h 累积雨量场(图 12.9 与图 12.6a)可知，降水场的水平分布特征存在差异，Q^M 强迫产生的最大降水主要位于浙江省中部内陆地区，而地形强迫产生的最大降水主要位于浙江省中南部沿海地区，同时，地形强迫产生的降水强度明显较 Q^M 强迫产生的降水强度强。

进一步对比分析逐时雨量(图 12.10)发现，地形强迫产生的逐时雨量较同期 Q^M 强迫产生的降水强度强，且前者的强度约是后者的 2～5 倍。上述分析表明，相对 Q^M 强迫作用来讲，地形对“海棠”台风暴雨形成的贡献更为显著。

尽管地形强迫产生的降水量较 Q^M 强迫产生的降水量大(图 12.10)，但在台风登陆前，地形作用基本随时间不变(图 12.7)，而实际上模式模拟的逐时降水强度有很明显的时间变化特征(图 12.3)，这在同期地形作用上却体现不出来。但在此期间，Q^M 强迫产生的垂直运

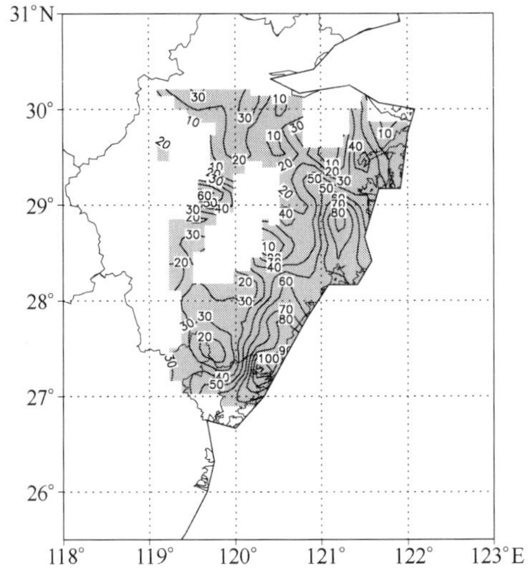

图 12.9　地形强迫产生的 24 h 累积降水场(单位:mm)
(阴影代表模拟的 50 mm/24h 以上暴雨区域)

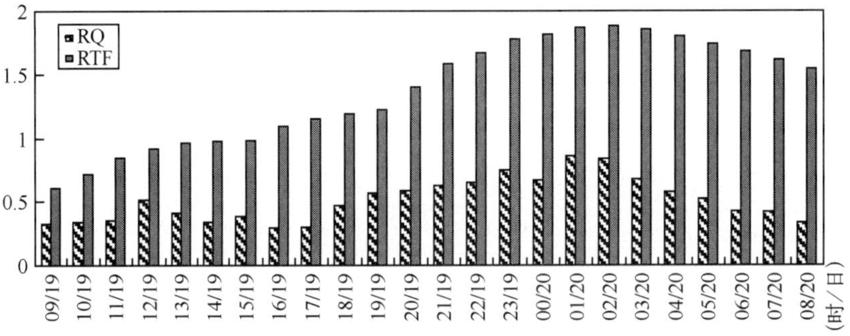

图 12.10　暴雨区平均的 Q^M 强迫产生的逐时雨量(RQ)及地形强迫产生的逐时雨量(RTF)(单位:mm)

动场(图 12.5)有明显的时间变化特征,并与同期模拟的降水强度时间演变特征(图 12.3)非常相似,且可以很好地解释降水强度随时间变化的原因,强的上升运动对应强降水,登陆时降水减弱,在对应的 Q^M 强迫产生的垂直运动场上,在中低层(500～700 hPa)出现了下沉运动,这可以很好地说明此时降水减弱的缘由。直到台风登陆之后,地形作用才类似于 Q^M,强迫产生的垂直运动场与降水强度随时间变化特征一致。那么二者在登陆台风暴雨中到底扮演什么角色?

众所周知,气象条件是瞬息变化的,而地形则始终固定不变。如果仅仅地形本身是不会引发降水发生的,只是在合适的气象条件下,通过与大气条件之间的相互作用,地形对降水的影响作用才有可能体现出来。相反,在没有地形的情况下,气象条件本身也照样能带来很强的降水,只是在有地形的情况下,气象条件可能更易引发暴雨等强降水发生。因此结合前文的定量计算分析结果,认为 Q^M 强迫(在一定程度上代表了气象因子的作用)可能是"海棠"台风暴雨出现的诱因。而地形的存在,可能对这种诱因起到进一步"放大"作用,最终更易导致强降水的发生,而且这种"放大"作用很可能是局地非线性的。因此,地形对"海棠"台风暴雨的形成可能起着重要的促进作用。

12.2.5.2 诊断计算与模拟的降水量对比分析

下面将具体揭示 Q^M 与地形的共同作用对"海棠"台风暴雨的描述能力。将 Q^M 与地形共同强迫产生的 24 h 累积雨量场与同期模式模拟输出的 24 h 累积雨量场(图 12.11)对比分析发现,二者水平分布特征非常相似,主要降水都发生在浙江省沿海及福建省东北部地区,从沿海到内陆降水强度均呈递减趋势,并且位于浙江省中部沿海及东南部沿海的两个极大降水中心,在位置上也有很好的对应关系。可以说,二者水平分布特征极为相似,也即表明,Q^M 与地形的共同作用,可以抓住"海棠"台风暴雨的水平不均匀分布特征。但同时我们也注意到,前者降水强度明显较后者偏弱。

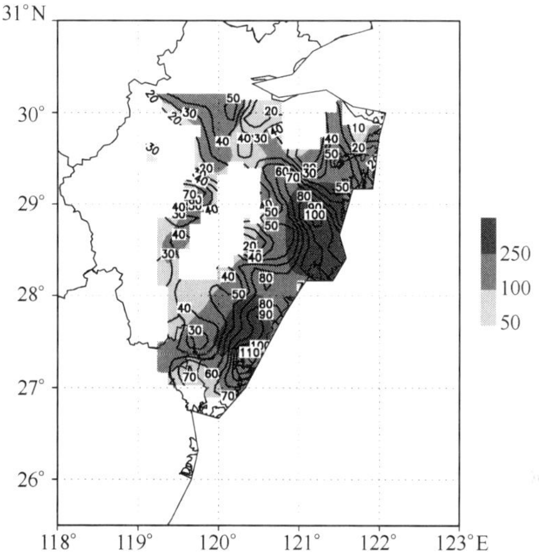

图 12.11　2005 年 7 月 19 日 08 时—20 时 08 时期间 24 h 累积降水场(单位:mm)
(等值线为 Q^M 与地形共同强迫结果,阴影为同期数值模拟结果)

进一步对比分析 Q^M 与地形共同作用强迫产生的逐时雨量与同期模式模拟输出的逐时雨量(图 12.12)发现,前者的强度明显较后者小,且前者约是后者的 1/2～1/4。

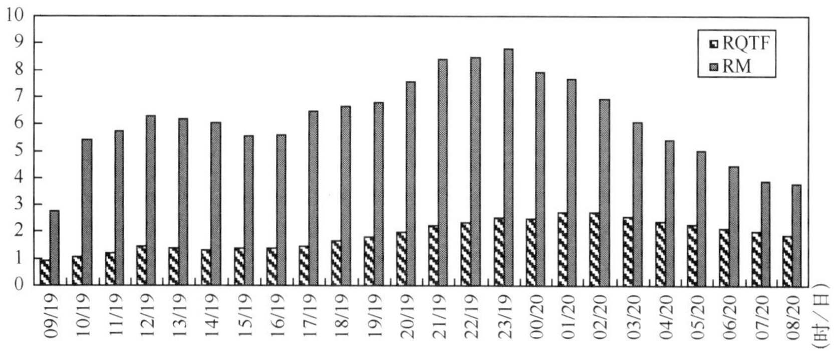

图 12.12　暴雨区平均的 Q^M 与地形共同强迫(RQTF)及模拟(RM)的逐时雨量(单位:mm)

上述分析表明，Q^M 与地形作用之间的简单线性叠加关系，可以反映出“海棠”台风暴雨的水平不均匀分布特征，但是这种线性关系并不能完全描述降水强度，这也意味着，局地的非线性关系可能对台风暴雨的雨强有很大的贡献。

不可否认，与以往许多诊断计算分析研究(Carr and Bosart，1978；Dimego and Bosart，1982)结果类似，目前定量诊断计算降水结果也较相应的观测(模拟)结果偏小。究其原因，可能在于以下几个方面：首先，尽管 Q^M 较充分地包含了大气中的动力学信息和热力学信息，但并不代表其具有能完全描述大气中动力学信息和热力学信息的能力。其实，在 Q^M 推导过程中，不仅用到了动力学或热力学上假设，并且与降水密切相关的一些物理过程及信息(如蒸发作用等)也没有考虑进去。因此，Q^M 并不能完全包含所有与暴雨发生密切相关的气象条件信息，用 Q^M 强迫产生的降水量来代表气象因子强迫产生的降水量也的确有值得商榷之处。其次，尽管通过与大气条件之间的相互作用，地形把自身的“放大”作用发挥到淋漓尽致，强迫产生的降水强度远远大于 Q^M 强迫产生的降水强度，对强降水的出现贡献显著，并影响降水水平分布特征。但是通过定量诊断计算，仅是线性化地揭示出地形在暴雨形成过程中到底起了多大的“放大”作用。对暴雨过程中可能存在的局地大气与地形之间的非线性作用却不能给予很好的描述，或者是，这种非线性作用信息在计算资料中也得不到充分体现。如 Lin 等(2001)研究指出那样，在某地某时刻测量的风速(u,v)可能只能部分地反映地形与天气系统之间非线性作用产生垂直运动的信息。除此之外，计算的地形坡度比实际地形坡度要平缓，以及大气稳定度取平均值等等原因相应地低估了垂直速度。同时，对于登陆台风这样的天气系统来讲，假定 1 h 内降水率保持不变可能致使降水量计算偏低。上述这些情况都可能引起定量降水诊断计算结果小于实况或模拟。

12.3　运用 Q 矢量 PG 分解诊断分析台风结构对其降水的影响

12.3.1　垂直运动场分析

结合总的 Q^N 强迫产生的垂直运动场 Wnfq(图 12.13a)，来比较分析各 Q^N 矢量分量强迫产生的垂直运动场。将 Q^N_{alst}、Q^N_{curv}、Q^N_{shdv} 及 Q^N_{crst} 在图 12.2 中整个阴影区内强迫产生的平均垂直运动场，分别记为 WQalst、WQcurv、WQshdv 及 WQcrst。分析图 12.13b—e 可知，19 日 09 时—23 时期间，主要是 WQalst(图 12.13b)和 WQshdv(图 12.13d)与同期 Wnfq 相似，而在 19 日 23 时—20 日 08 时期间，主要是 WQcurv(图 12.13c)和 WQcrst(图 12.13e)与同期 Wnfq 相似。这表明，在 19 日 09 时—23 时期间，有利用台风降水发生的台风环流结构因子主要是 Q^N_{alst} 与 Q^N_{shdv} ，而在 19 日 23 时—20 日 08 时期间，有利用台风降水发生的台风环流结构因子主要是 Q^N_{curv} 和 Q^N_{crst} 。可见，通过 Q^N PG 分解可以发现，尽管在台风登陆过程中一直都有降水发生，但在台风登陆的不同阶段，对台风降水发生的台风结构贡献因子是不同的。同时也表明，台风环流结构因子对台风降水发生的贡献情况也是不相同的。Q^N_{alst} 与 Q^N_{shdv} 对台风降水的贡献主要出现在 19 日 09 时—23 时期间，而 Q^N_{curv} 和 Q^N_{crst} 对台风降水的贡献则出现在 19 日 23 时—20 日 08 时期间。

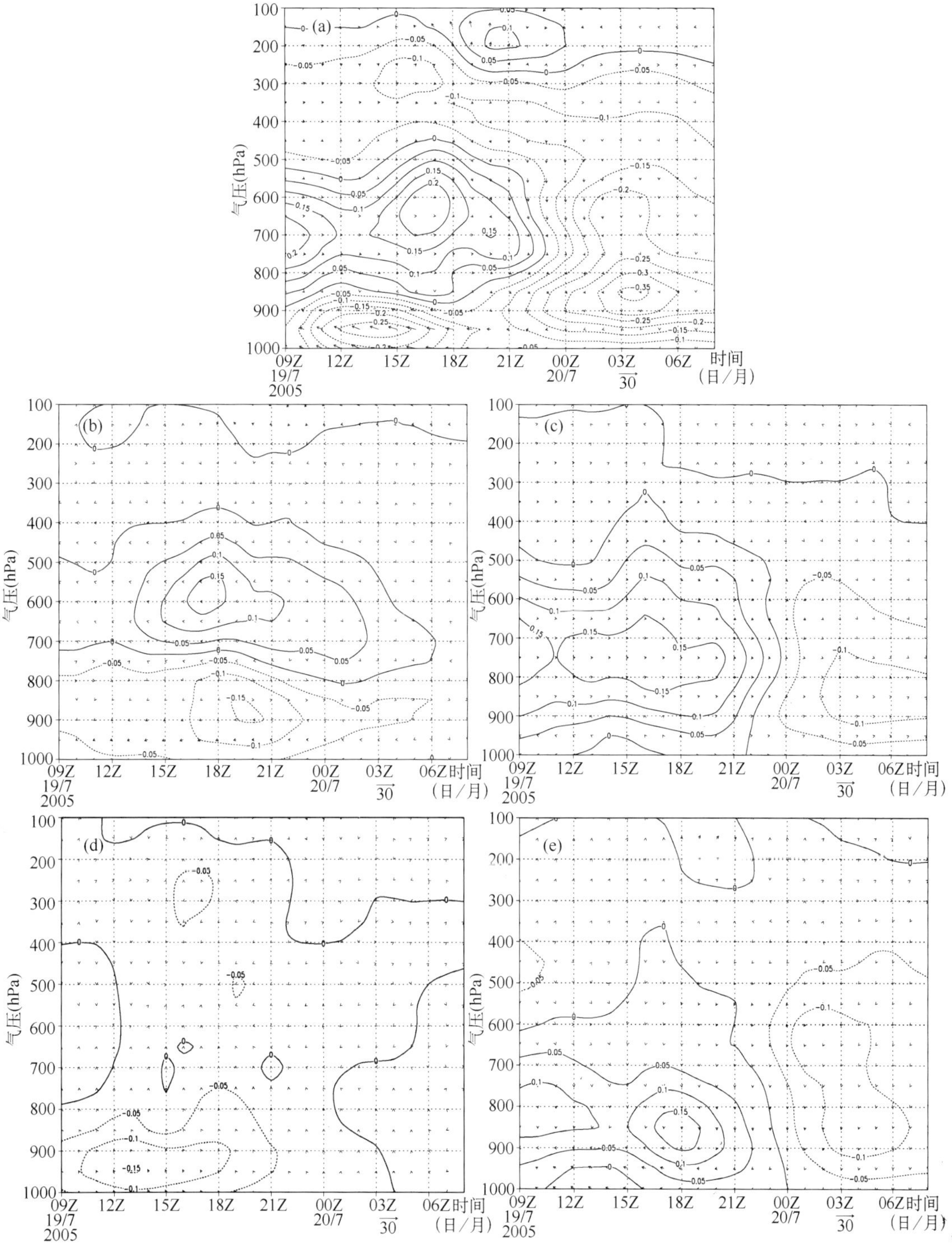

图 12.13 50.0 mm/24h 以上雨区内平均的 $\boldsymbol{Q}^N$ 及其各分量强迫产生的垂直速度(单位:Pa/s)

(a)、(b)、(c)、(d)及(e)分别代表 Wnfq、WQalst、WQcurv、WQshdv 及 WQcrst,且箭头为相应的 $\boldsymbol{Q}^N$

(单位:10^{-10} m · hPa^{-1} · s^{-3})

12.3.2 逐时雨量分析

下面将进一步结合台风登陆降水过程中总的 Q^N 强迫产生的逐时雨量(RInfq),通过比较分析各 Q^N 分量强迫产生的逐时雨量差异,来进一步揭示台风结构对台风降水的贡献情况。将 Q^N_{alst}、Q^N_{curv}、Q^N_{shdv} 及 Q^N_{crst} 在图 12.2 中整个阴影区内强迫产生的平均逐时雨量,分别记为 RIalst、RIcurv、RIshdv 及 RIcrst。由图 12.14 可知,在同一个时期,各 Q^N 分量强迫产生的逐时雨强存在明显差异,相对来讲,在 19 日 09 时—20 时期间,RIshdv 最大,RIcrst 及 RIalst 次之,而 RIcurv 则相对最小。在 19 日 21 时—20 日 08 时期间,RIcrst 最大,RIcurv 次之,RIshdv 列第三,而 RIalst 则相对最小。从整个逐时雨量随时间的演变态势来看,RIcrst 与 RIcurv 随时间的演变态势与同期 RInfq 随时间演变态势较为一致,最大值基本都出现在 20 日 01 时—03 时期间,且在 19 日 09 时—20 日 01 时都随时间递增,在 20 日 03 时—08 时期间都随时间递减。而对于 RIalst 和 RIshdv 来讲,最大值出现在 19 日 18 时—19 时期间,二者随时间的演变态势与 RInfq 随时间演变态势存在明显差异。另外,对整个台风登陆期间各 Q^N 分量强迫产生的逐时雨量的最大值进行比较发现,RIcrst 的最大值最大,RIcurv和 RIshdv 的最大值较为接近,且大于 RIalst 的最大值。上述分析表明,在同一时刻,各 Q^N 分量对台风降水的贡献明显不同,在 19 日 09 时—20 时期间,对降水贡献相对最为显著的是 Q^N_{shdv},其次是 Q^N_{crst} 和 Q^N_{alst},而 Q^N_{curv} 的贡献则相对最小,而在 19 日 21 时—20 日 08 时期间,对降水贡献相对最为显著的是 Q^N_{crst},其次是 Q^N_{curv},第三是 Q^N_{shdv},而 Q^N_{alst} 的贡献则相对最小。同时也发现,各 Q^N 分量对台风降水的贡献都有明显时间变化特征,且随时间演变态势存在明显差异。

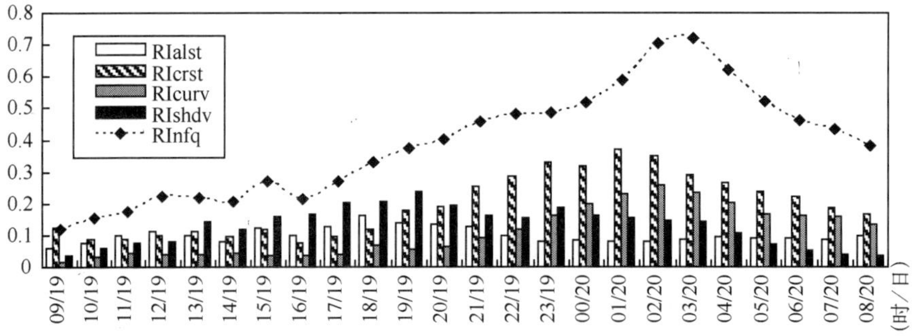

图 12.14 50.0 mm/24h 以上雨区内平均的 Q^N 及其各分量强迫产生的逐时雨量(单位:mm)

进一步分析 Q^N_{alst}、Q^N_{curv}、Q^N_{shdv} 及 Q^N_{crst} 强迫产生的 24 h 累积雨量(图略)表明,各 Q^N 矢量分量对台风降水贡献的显著区域存在明显不同。

12.3.3 运用 PG 分解诊断分析台风结构对其雨强差异形成的影响

图 12.2 中整个阴影区为 50.0 mm/24h 雨区,由于降水强度呈现明显的不均匀分布特征,可将其进一步细分为暴雨(50.0～99.9 mm/24h)、大暴雨(100.0～200.0 mm/24h)及特大暴雨(>200.0 mm/24h)区(图 12.15)。下面将利用 Q^N PG 分解,通过比较不同级别降水区内各 Q^N 分量强迫产生的垂直速度及逐时雨量之间的差异,来定量揭示台风结构对台风降

水强度差异形成的贡献情况。

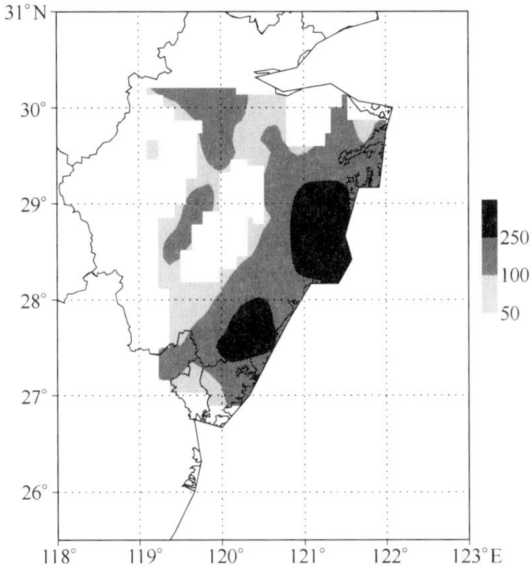

图 12.15 2005 年 7 月 19 日 08 时—20 时 08 时期间暴雨以上降水(单位:mm)

(图中不同灰度阴影区代表不同级别暴雨区)

12.3.3.1 总的 Q^N 分析

由图 12.16 可知,图 12.16a 与图 12.16b 中垂直速度时空演变特征非常相似,差异主要在强度上。而对于图 12.16c 来讲,在 19 日 09 时—23 时期间,1000～800 hPa 气柱内垂直运动场与图 12.16a、b 中存在明显差异,而在 19 日 23 时—20 日 08 时期间,图 12.16c 中的垂直速度的时空演变特征与图 12.16a、b 中相似,但前者的强度明显较后二者强。进一步比较分析 Q^N 在暴雨、大暴雨及特大暴雨区中强迫产生的平均逐时雨量(分别记为 RInfq1、RInfq2 及 RInfq3)(图 12.16d)发现,在 19 日 17 时—20 日 08 时期间,RInfq3＞RInfq2＞RInfq1,也即表明在此期间,Q^N 强迫作用有助于暴雨、大暴雨及特大暴雨之间雨强差异的形成。上述分析表明,Q^N 强迫作用的确有助于雨强差异形成,且贡献主要发生在台风登陆之后。同时也充分表明,利用 Q^N PG 分解来具体探讨台风结构对台风降水强度差异形成影响是有意义的。

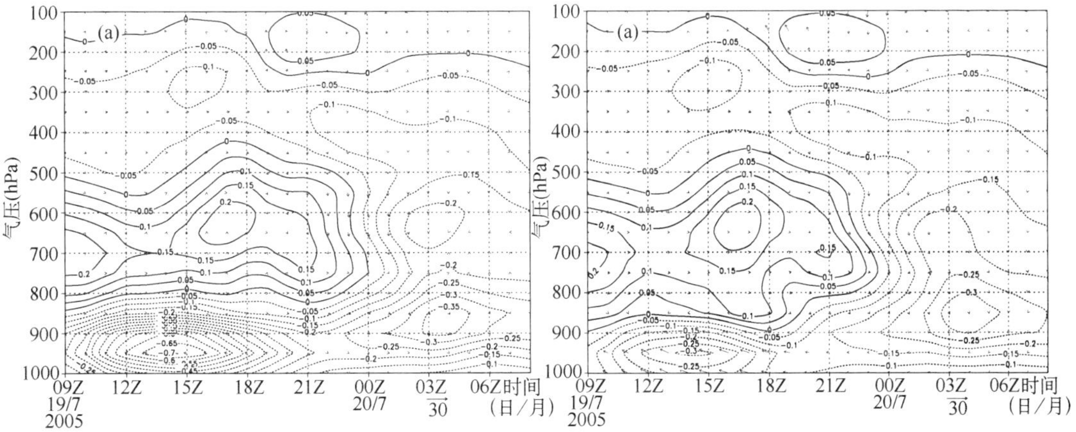

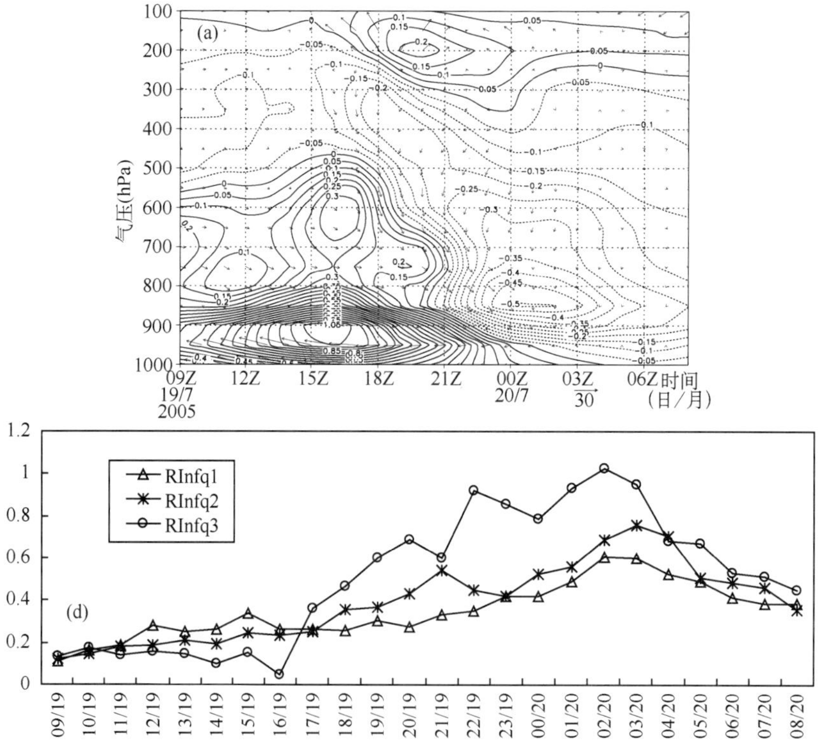

图 12.16　Q^N 在暴雨(a)、大暴雨(b)及特大暴雨(c)区中强迫产生的平均垂直速度(单位:Pa/s)及相应的平均逐时雨量(d)(单位:mm)

(a)—(c)中箭头为相应的 Q^N 矢量(单位:10^{-10}m · hPa^{-1} · s^{-3})

12.3.3.2　Q^N_{alst} 分析

分析图 12.17 可知,图 12.17a 和图 12.17b 中垂直速度的时空演变特征非常相似,但图 12.17a 中垂直上升运动的强度较图 12.17b 中强。而图 12.17c 中 1000～700 hPa 气柱内以垂直下沉运动为主,与图 12.17a、b 中存在明显差异。进一步比较 Q^N_{alst} 在暴雨、大暴雨及特大暴雨区内强迫产生的平均逐时雨量(分别记为 RIQalst1、RIQalst2 及 RIQalst3)(图 12.17d)发现,在 20 日 01 时—08 时期间,RIQalst3＞RIQalst2＞RIQalst1,这表明在此期间,Q^N_{alst} 强迫作用有助于暴雨、大暴雨及特大暴雨之间雨强差异的形成。

12.3.3.3　Q^N_{curv} 分析

由图 12.18 可知,图 12.18a、b 及 c 中垂直运动的时空演变特征非常相似,但图 12.18c 中的垂直上升速度的强度明显较图 12.18a 及图 12.18b 中强,最大上升速度前者约是后二者的 1.5 倍。进一步比较 Q^N_{curv} 在暴雨、大暴雨及特大暴雨区内强迫产生的平均逐时雨量(分别记为 RIQcurv1、RIQcurv2 及 RIQcurv3)(图 12.18d)发现,在整个台风登陆过程期间,基本上都有 RIQcurv3＞RIQcurv2＞ RIQcurv1,这表明 Q^N_{curv} 强迫作用基本上一直都有助于暴雨、大暴雨及特大暴雨之间雨强差异的形成。

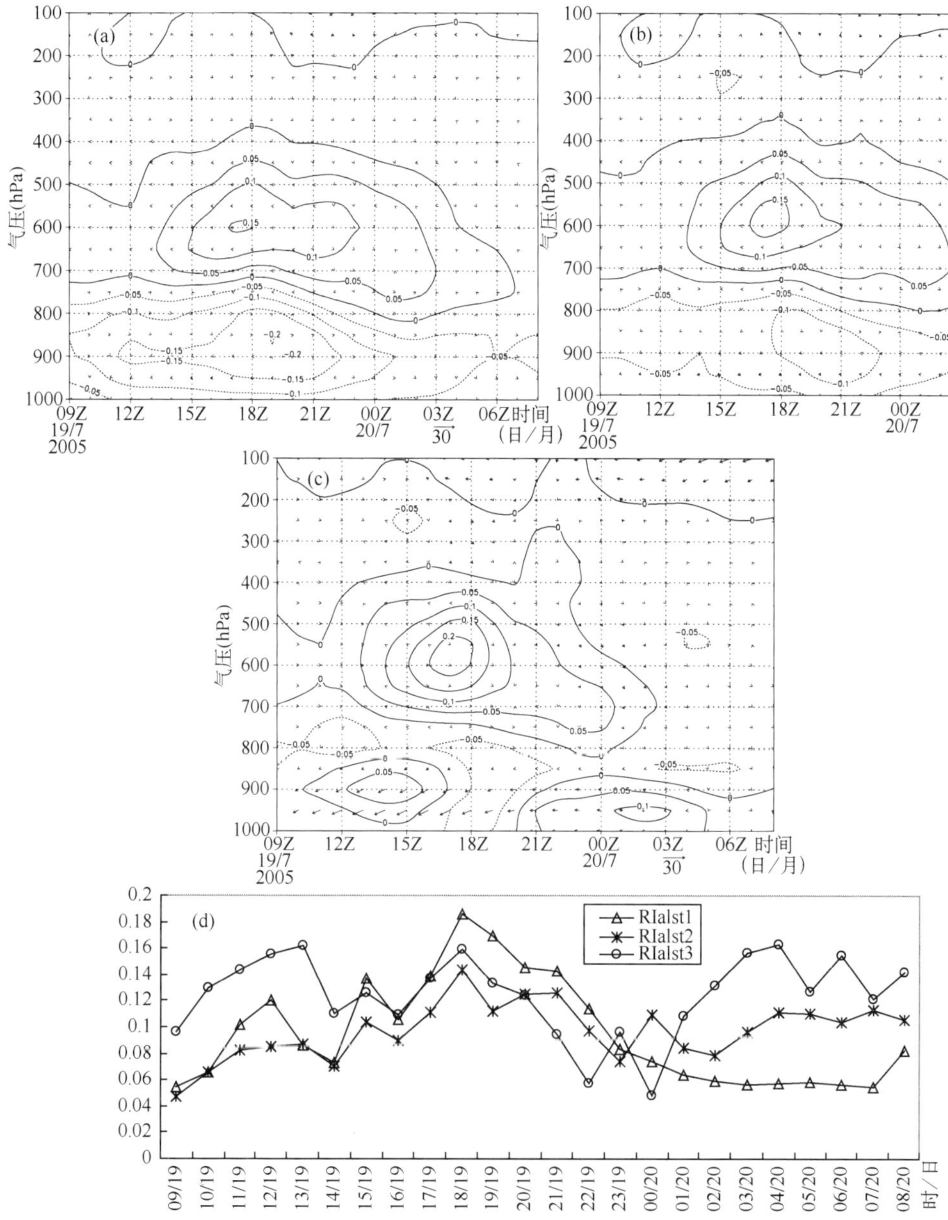

图 12.17 除为 Q^N_{alst} 外，其他同图 12.16。

12.3.3.4 Q^N_{shdv} 分析

Q^N_{shdv} 在暴雨和大暴雨区强迫产生的垂直速度的时空演变特征（图略）非常相似，且垂直上升速度强度相近。而在特大暴雨区强迫产生的垂直速度的时空演变特征（图略）与暴雨区、大暴雨区存在明显差异。进一步比较 Q^N_{shdv} 在暴雨、大暴雨及特大暴雨区内强迫产生的平均逐时雨量（图略）发现，仅在 20 日 01 时—03 时期间，Q^N_{shdv} 强迫作用有助于暴雨、大暴雨及特大暴雨之间雨强差异的形成。

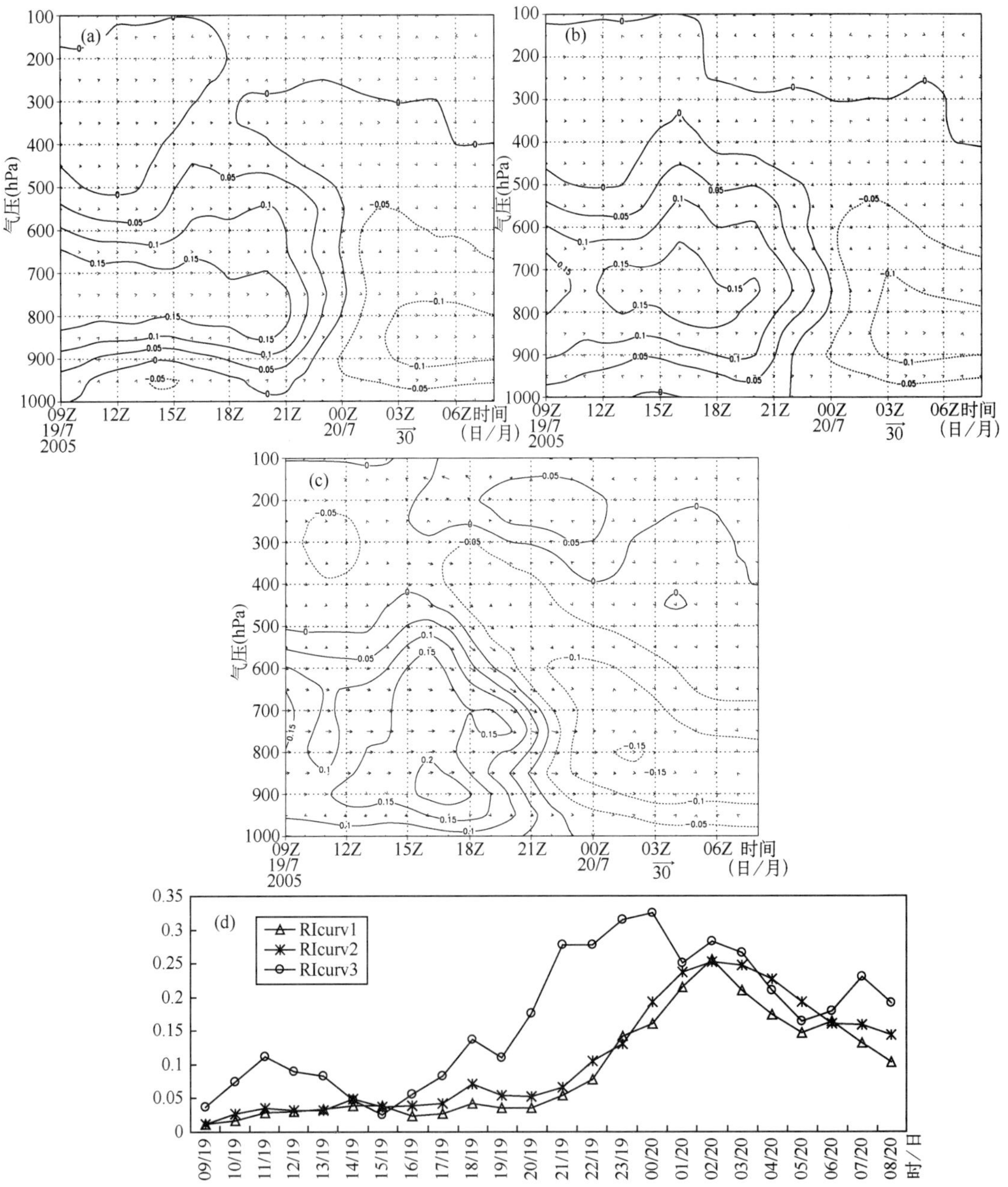

图 12.18　除为 Q_{curv}^N 外，其他同图 12.16。

12.3.3.5　Q_{crst}^N 分析

Q_{crst}^N 在暴雨、大暴雨及特大暴雨区中强迫产生的垂直运动的时空演变特征非常相似(图略)，但在特大暴雨区中强迫产生的垂直上升速度的强度明显较暴雨及大暴雨区中强，最大上升速度前者约是后二者的 2.5 倍。进一步比较 Q_{crst}^N 在暴雨、大暴雨及特大暴雨区内强迫产生的平均逐时雨量(图略)发现，在 19 日 19 时—20 日 01 时期间，Q_{crst}^N 强迫作用有助于暴雨、大暴雨及特大暴雨之间雨强差异的形成。另外，在 20 日 02 时—06 时期间，Q_{crst}^N 强迫作用有助于特大暴雨与暴雨、大暴雨之间雨强差异的形成。

上述分析表明，对于 Q^N_{alst}、Q^N_{shdv} 来讲，各自在暴雨区与大暴雨区中强迫产生的垂直速度的时空演变特征是相似的，但是在特大暴雨区中强迫产生的垂直速度的时空演变特征与暴雨区及大暴雨区中存在明显差异。对于 Q^N_{curv}、Q^N_{crst} 来讲，各自在暴雨区、大暴雨区及特大暴雨区中产生的垂直速度的时空演变特征均很相似。进一步分析逐时雨量表明，Q^N_{alst} 在 20 日 01 时—08 时期间，有助于暴雨、大暴雨及特大暴雨之间雨强差异形成。Q^N_{curv} 基本上在整个台风登陆期间，都有助于暴雨、大暴雨及特大暴雨之间雨强差异形成。而 Q^N_{shdv} 仅在台风登陆之后的极短时间内有助于暴雨、大暴雨及特大暴雨之间雨强差异形成。Q^N_{crst} 则在 19 日 19 时—20 日 01 时期间，有助于暴雨、大暴雨及特大暴雨之间雨强差异形成，且之后一段时期内有助于特大暴雨与暴雨、大暴雨之间雨强差异形成。相对来讲，Q^N_{curv} 对暴雨、大暴雨及特大暴雨之间雨强差异形成的贡献最为显著，Q^N_{alst} 与 Q^N_{crst} 的贡献较为接近，而 Q^N_{shdv} 的贡献则相对最小。同时我们也注意到，它们对雨强差异形成的贡献时段存在明显不同，也即表明，在台风登陆过程中每个时期暴雨、大暴雨及特大暴雨之间都存在强度上的差异，但每个时期造成雨强差异的贡献因子是不同的。表面上看雨强差异一直存在，而实际上每时每刻引起雨强差异的因子都是在变化的，存在明显的不同，这是总的 Q^N 所难以揭示的。另外，我们也注意到，总的 Q^N 对雨强差异的贡献主要发生在台风登陆之后，而 Q^N PG 分解则发现，不仅在台风登陆后，即使在台风登陆之前，Q^N_{curv} 也有助于暴雨、大暴雨及特大暴雨之间的雨强差异形成。为什么会出现这种情况呢？主要是由于 Q^N_{alst} 与 Q^N_{curv} 都是沿等高线方向即 s 轴方向，$2\nabla\cdot Q^N_{alst}$ 与 $2\nabla\cdot Q^N_{curv}$ 之间可发生相互增强或抵消作用。同样，Q^N_{shdv} 与 Q^N_{crst} 都是沿穿越等高线方向即 n 轴方向，$2\nabla\cdot Q^N_{shdv}$ 和 $2\nabla\cdot Q^N_{crst}$ 之间也可发生相互增强或抵消作用。这些也是总的 Q^N 所难以揭示的。

通过 Q^N PG 分解诊断分析，我们可以清楚地发现，各个台风结构因子的时空演变特征，以及它们各自对台风降水发生及不同级别降水之间雨强差异形成的贡献。在整个登陆台风降水过程中，同一种台风结构因子在台风登陆不同阶段对台风降水的贡献不同，且对不同级别降水之间雨强差异形成的贡献也不同；在同一时刻，不同台风结构因子对台风降水的贡献不同，且对不同级别降水之间雨强差异形成的贡献也不同。可见，通过 Q^N PG 分解研究，不仅可以定量揭示出在登陆台风降水不同阶段，不同台风结构因子对台风降水的贡献是不同的，同时也可以定量揭示出，不同台风结构因子对于不同级别降水强度差异形成的贡献也是不同的。尽管在台风登陆期间一直都有降水发生，且不同级别降水之间一直都存在雨强差异，但是，每时每刻促进台风降水发生及不同级别降水之间雨强差异形成的台风结构因子并非相同。这些是总的 Q^N 难以揭示的。这也正是进行 Q 矢量 PG 分解研究的魅力所在。

需要说明的是，目前仅是初步尝试将 Q 矢量 PG 分解方法应用于研究台风结构对其降水的影响，所得结果是初步的，仍有很多问题需要进一步深入探讨，如为什么 Q^N_{shdv} 在台风登陆前 12 h 期间对降水贡献相对最为显著？为什么 Q^N_{curv} 相对来讲对暴雨、大暴雨及特大暴雨之间雨强差异形成的贡献最为显著？等等，都值得将来作进一步深入研究、具体分析。

13 Q 矢量在定量降水预报中的应用

Q 矢量分析方法不仅被用于诊断分析以揭示天气过程发生发展的物理机制。同时，也有许多学者开展了 Q 矢量对数值预报产品的释用研究工作，即通过对数值预报产品的 Q 矢量“再加工”，提高其预报能力。基于上述工作，已有研究表明，Q 矢量散度辐合中心与雨区有较好的对应关系，利用 Q 矢量散度辐合场可初步确定降水的落区，比模式直接输出效果好。1988 年，美国国家气象中心(NMC)气象业务处(MOD)，用 Q 矢量对数值预报产品进行“再加工”，所得产品用来指导 MOD 降水预报，通过分析 Q 矢量散度场，改进嵌套网格模式(NGM)对降水的落区预报(Grumm 等，1988)。但上述研究工作主要基于 Q 矢量散度，即仅仅建立了 Q 矢量散度与降水之间的间接、定性关系。最近，岳彩军等(2007a)新发展一种湿 Q 矢量释用(Q^*VIP)技术，即利用松弛法迭代计算以湿 Q 矢量散度为强迫项的 ω 方程得到垂直运动场，再结合水汽条件进行降水量计算，得到 Q^*VIP 降水场。然后将此项释用技术应用于对数值预报模式产品“再加工”，所得的降水场称为 Q^*VIP QPF 场，从而完成湿 Q 矢量在定量降水预报(QPF)研究中的直接、定量应用。这与以往诸多有关 Q 矢量应用研究存在明显不同。

下面应用 MM5 模式预报输出的产品来计算 Q^*VIP，得到 Q^*VIP QPF 场，结合地面实况雨量资料，与 MM5 模式直接预报输出的 QPF 场进行比较，检验 Q^*VIP 技术在 QPF 中的应用效果。

13.1 梅雨降水

2004 年 6 月 15 日 20 时—16 日 20 时期间华东地区有一次明显梅雨降水过程。图 13.1a 为 2004 年 6 月 15 日 20 时—6 月 16 日 20 时 24 h 观测降水，图 13.1b 为华东区域数值模式以 2004 年 6 月 15 日 20 时为起报时刻所作的 24 h QPF，图 13.1c 对相应 MM5 模式预报输出产品进行 Q^*VIP 技术处理所得 QPF。从图 13.1a 可以看出，整个华东 6 省 1 市都为大范围雨区覆盖，除福建和浙江东南沿海、安徽中北部、江苏西部外，其他地区 24 h 降水量都在 10.0 mm 以上，其中在江西、江苏及山东境内出现了暴雨，安徽南部出现了 108.0 mm的大暴雨。比较图 13.1b 与图 13.1a 可知，图 13.1b 没有反映出安徽中北部及山东西部的降水区，同时 10.0 mm 以上的降水区仅位于江西中南部和福建西北部，且强度偏弱。可见，图 13.1b 与图 13.1a 雨区分布特征差异明显，尤其是图 13.1b 仅能局部反映强度在 10.0 mm 以上的实况降水分布特征。从图 13.1c 可以看出，整个华东区域被雨区覆盖，与图 13.1a 非常相似，同时 10.0 mm 以上降水分布特征也与图 13.1a 中非常接近，除没有反映出图 13.1a 中的暴雨以上强降水外，图 13.1c 与图 13.1a 的整个降水分布特征几乎完全一致，明显优于图 13.1b 对图 13.1a 的反映能力。上述比较结果表明，无论整个华东区域雨区范围还是强度在 10.0 mm/24h 以上的降水范围，***Q**** *VIP* QPF 较 MM5 模式 QPF 与实况降水场更为接近。

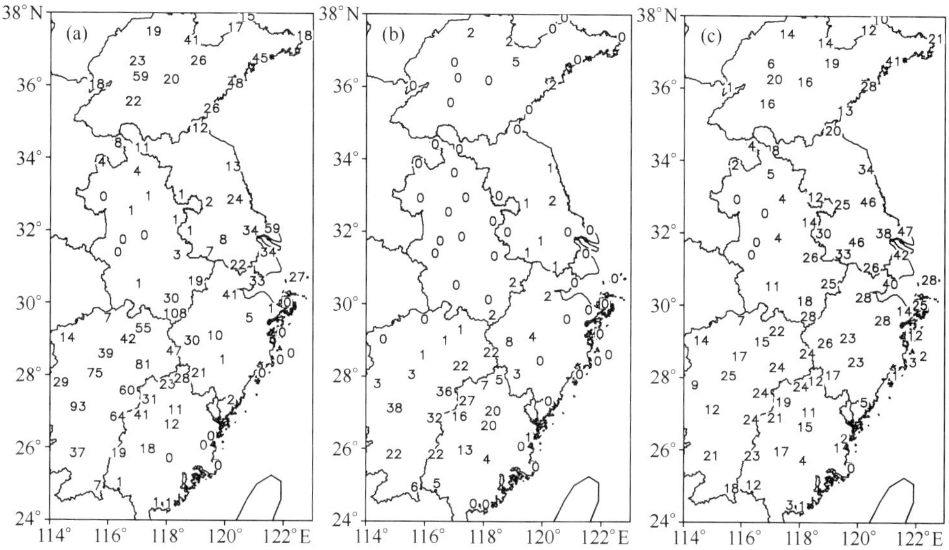

图 13.1　2004 年 6 月 15 日 20 时—6 月 16 日 20 时华东地区 24 h 累积降水（单位：mm）

(a)观测；(b)MM5*Q*PF；(c)***Q**** *VIP* *Q*PF

13.2　登陆台风降水

受 0418 号台风"艾利"登陆前后影响，2004 年 8 月 24 日 20 时—8 月 25 日 20 时期间华东地区出现一次降水过程，尤以浙江、福建两省东南沿海大部降水较为明显。图 13.2a—c 分别是 2004 年 8 月 24 日 20 时—8 月 25 日 20 时期间华东 6 省 1 市 24 h 实况降水、MM5 模式以 2004 年 8 月 24 日 20 时为起报时刻的 24 h QPF 结果及相应的 ***Q**** *VIP* QPF 结果。由图 13.2a 可见，在福建、浙江及上海全部、江苏及山东大部、安徽及江西部分地区都有降水发生，10.0 mm 以上降水出现在福建和浙江东南大部地区且其中部分地区出现暴雨、大暴雨。比较图 13.2b 与图 13.2a 表明，除山东省外，大部降水区都基本反映出来了，但10.0 mm以上降水分布特征存在明显差异，上海、江苏大部及浙江北部都出现 10.0 mm 以上降水，明显较实况偏强，而福建境内的 10.0 mm 以上降水几乎反映不出来，明显较实况偏弱。将图 13.2c 与图 13.2a 比较可知，除安徽境内的降水范围略大外，基本上将整个华东雨区反映出来了，10.0 mm 以上降水分布特征也与实况很接近，但反映不出暴雨、大暴雨。通过降水分布特征的比较分析表明，***Q**** *VIP* QPF 结果较模式 QPF 结果与实况降水更为接近，尤以

10.0 mm/24h 以上降水范围更为明显。但二者都没有预报出暴雨以上强降水。

上述分析结果表明，MM5 模式对这两次降水过程都具有一定的预报能力，但从有无降水发生以及降水强度与实况接近程度来看，Q^{*} *VIP* QPF 结果都优于 MM5 模式 QPF 结果，且与实况更为接近。

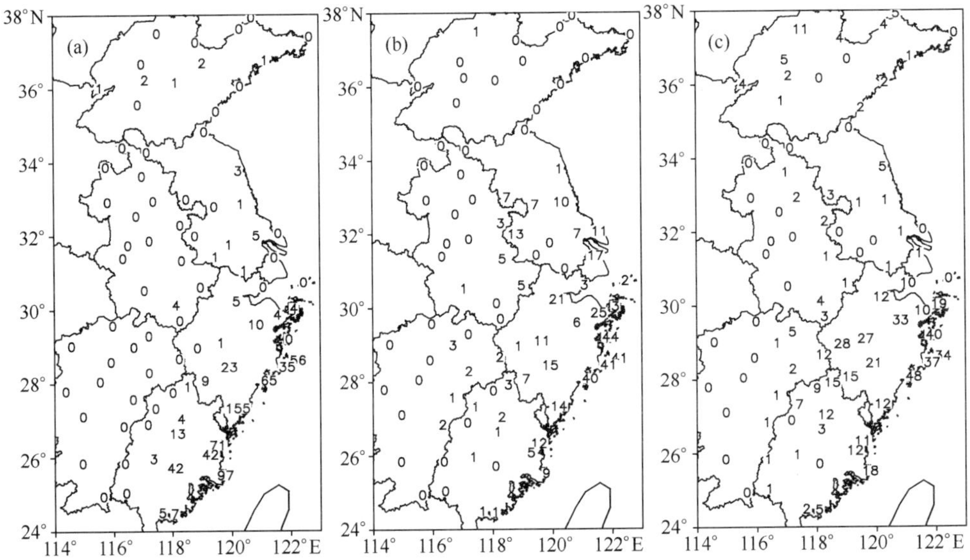

图 13.2　2004 年 8 月 24 日 20 时—8 月 25 日 20 时华东地区 24h 累积降水(单位:mm)
(a)观测;(b)MM5QPF;(c)Q^{*} *VIP* QPF

13.3　2004 年 6—8 月汛期降水预报检验

采用传统的预报检验统计量，具体计算公式如下：

TS 评分：
$$T_s = \frac{N_a}{N_a + N_b + N_c} \tag{13.1}$$

偏差：
$$B = \frac{N_a + N_b}{N_a + N_c} \tag{13.2}$$

漏报率：
$$PO = \frac{N_c}{N_a + N_c} \tag{13.3}$$

空报率：
$$NH = \frac{N_b}{N_a + N_b} \tag{13.4}$$

正确率：
$$EH = \frac{N_a + N_d}{N_a + N_b + N_c + N_d} \tag{13.5}$$

其中 N_a 为报对次数即预报了某一级别降水也观测到了这一级别降水的次数，N_b 为空报次数，N_c 为漏报次数，N_d 为没有预报降水也没有观测到降水的次数。在 0～1 之间，TS 评分值与正确率越大越好，而漏报率和空报率越小越好。偏差 B 的数值在 0～+∞之间，B 大于 1 表明模式有多报降水的偏差，反之，B 小于 1 则说明降水报得偏少。

结合 2004 年 6—8 月汛期华东 6 省 1 市 7 个气象站实况雨量资料，下面首先通过比较 MM5 模式和 $Q^{*}VIP$ 对有无降水即晴雨（≥0.1 mm/24h）、小雨（0.1～9.9 mm/24h）以及 10.0 mm 以上（≥10.0 mm/24h）降水预报的 TS 评分检验结果，来揭示 $Q^{*}VIP$ 技术在 QPF 中的应用效果。

表 13.1 2004 年 6—8 月 MM5 模式与 $Q^{*}VIP$ 华东地区降水预报的平均 TS 评分结果（%）对比

TS 评分类型	24 h(01:00—24:00)			48 h(25:00—48:00)			72 h(49:00—72:00)		
	MM5	$Q^{*}VIP$	提高(%)	MM5	$Q^{*}VIP$	提高(%)	MM5	$Q^{*}VIP$	提高(%)
晴雨	42.34	53.02	25.22	37.69	45.78	21.46	32.45	39.02	20.25
小雨	21.04	36.55	73.72	21.98	33.77	53.64	18.31	27.05	47.73
10.0 mm/24h 以上降水	18.84	27.94	48.30	14.65	24.88	69.83	9.88	22.55	128.24

在表 13.1 中，MM5 模式、$Q^{*}VIP$ 24 h 平均晴雨 TS 评分分别为 42.34%、53.02%，提高 25.22%；48 h 分别为 37.69%、45.78%，提高 21.46%；72 h 分别为 32.45%、39.02%，提高 20.25%。可见，$Q^{*}VIP$ 晴雨 TS 评分明显较 MM5 模式高，且前者较后者的 24 h、48 h 及 72 h TS 评分增长百分比都在 20%以上。$Q^{*}VIP$、MM5 模式的平均小雨 TS 评分 24 h 分别为 36.55%、21.04%，48 h 分别为 33.77%、21.98%，72 h 分别为 27.05%、18.31%。显然，$Q^{*}VIP$ 在 24 h、48 h 及 72 h 小雨 TS 评分都较 MM5 模式高，且分别高出 73.72%、53.64%及 47.73%。进一步分析 10.0 mm/24h 以上降水的平均 TS 评分结果可知，$Q^{*}VIP$、MM5 模式的 10.0 mm 以上降水 TS 评分 24 h 分别为 27.94%、18.84%，48h 分别为 24.88%、14.65%，72 h 分别为 22.55%、9.88%，前者较后者分别高出 48.30%、69.83%、128.24%。

通过上述 $Q^{*}VIP$ 与 MM5 模式预报晴雨、小雨和 10.0 mm 以上降水的平均 TS 评分结果对比分析可知，前者明显高于后者，分别高出 20%、40%、60%以上。这表明 $Q^{*}VIP$ QPF 能力明显高于 MM5 模式 QPF 能力。这进一步反映出 $Q^{*}VIP$ 技术在 QPF 中的应用是非常有效的，通过其对模式产品“再加工”所得 QPF 场，更具有参考价值。

下面再通过华东地区晴雨、小雨和 10.0 mm 以上降水的平均预报偏差、漏报率、空报率以及预报正确率分析，来进一步揭示 $Q^{*}VIP$ 与 MM5 模式的 QPF 能力差异。

就华东地区晴雨预报的平均检验效果（表 13.2）而言，$Q^{*}VIP$ 较 MM5 模式降水预报偏差略大，且二者预报降水都略偏多。$Q^{*}VIP$ 的 24 h、48 h 及 72 h 漏报率和空报率都明显低于 MM5 模式，但正确率都较 MM5 模式高。

由表 13.3 可知，$Q^{*}VIP$ 与 MM5 模式预报小雨都偏多，且前者平均预报偏差大于后者。24 h、48 h 及 72 h 的 $Q^{*}VIP$ 平均漏报率和平均空报率都明显低于 MM5 模式，且 $Q^{*}VIP$ 的平均正确率略高于 MM5 模式。

表 13.2　2004 年 6—8 月 MM5 模式与 Q^* VIP 对华东地区晴雨预报的平均检验结果对比

降水类型	统计量	24 h(01:00—24:00)		48 h(25:00—48:00)		72 h(49:00—72:00)	
		MM5	Q^* VIP	MM5	Q^* VIP	MM5	Q^* VIP
晴雨	偏差	1.29	1.28	1.06	1.09	1.05	1.11
	漏报率	0.36	0.22	0.44	0.35	0.51	0.41
	空报率	0.46	0.38	0.46	0.39	0.51	0.46
	正确率	0.68	0.76	0.66	0.71	0.62	0.66

表 13.3　除为小雨(0.1～9.9 mm/24h)预报的平均检验结果对比外，其他同表 13.2

降水类型	统计量	24 h(01:00—24:00)		48 h(25:00—48:00)		72 h(49:00—72:00)	
		MM5	Q^* VIP	MM5	Q^* VIP	MM5	Q^* VIP
小雨	偏差	1.49	1.59	1.20	1.40	1.15	1.36
	漏报率	0.56	0.32	0.58	0.40	0.67	0.50
	空报率	0.65	0.55	0.63	0.54	0.67	0.61
	正确率	0.70	0.73	0.69	0.71	0.65	0.67

表 13.4　除为 10.0 mm/24h 以上降水预报的平均检验结果对比外，其他同表 13.2

降水类型	统计量	24 h(01:00—24:00)		48 h(25:00—48:00)		72 h(49:00—72:00)	
		MM5	Q^* VIP	MM5	Q^* VIP	MM5	Q^* VIP
10.0 mm/24h 以上降水	偏差	1.37	0.88	0.85	0.41	0.97	0.49
	漏报率	0.66	0.66	0.77	0.72	0.82	0.73
	空报率	0.71	0.37	0.72	0.33	0.83	0.42
	正确率	0.69	0.80	0.72	0.80	0.69	0.79

对于 10.0 mm/24h 以上降水预报检验(表 13.4)来讲，除 MM5 模式在 24 h 预报降水偏多外，其余 Q^* VIP 与 MM5 模式预报降水都偏少，且前者平均预报偏差明显小于后者。这与晴雨、小雨的平均检验结果存在明显不同。二者 24 h 的平均漏报率相同，但 48 h 及 72 h 的 Q^* VIP 平均漏报率较 MM5 模式低。同时 Q^* VIP 在 24 h、48 h 及 72 h 的平均空报率都几乎仅为 MM5 模式的 1/2，且前者的平均正确率都明显高于后者。

通过分析表 13.2～表 13.4 中平均检验结果表明，对于晴雨、小雨及 10.0 mm/24h 以上降水预报，Q^* VIP 的 24 h、48 h 及 72 h 漏报率、空报率都较 MM5 模式低，而正确率都较 MM5 模式高。Q^* VIP 对晴雨、小雨的预报偏差都略大于 MM5 模式，且二者预报降水都偏多，但对于 10.0 mm/24h 以上降水来讲则不同，Q^* VIP 的预报偏差较 MM5 模式小，且二者预报降水偏少。

综上所述，对 MM5 模式高空气象资料预报产品进行 Q^* VIP 技术处理所得 QPF 结果较 MM5 模式 QPF 结果与实况降水场更为接近，Q^*VIP QPF 对有无降水发生、降水的落区及强度判断能力较 MM5 模式 QPF 都明显提高，通过进一步分析比较二者的 TS 评分、漏报率、空报率以及正确率的检验结果也得到了论证。同时也发现，Q^*VIP 和 MM5 模式对晴雨、小雨的预报降水都偏多，而 10.0 mm/24h 以上降水的预报则以偏少为主。

13.4 讨论

13.4.1 释用效果与模式自身预报能力的关系

当前研究的重点是建立客观、定量的释用技术，而不是对模式本身进行改进研究。在模式本身保持不变情况下，释用技术的研究非常关键，将会直接影响到释用效果。但不可否认，释用效果还与模式本身预报性能有关，也就是说，它是建立在模式本身具有一定预报能力基础上的。其实，从前文的 TS 评分结果(表 13.1)也可以看出，MM5 模式本身对 24 h、48 h、72 h 降水预报也具有相当能力，在此基础上，我们通过 Q^*VIP 技术研究，进一步提高了 QPF 能力。但如果说模式本身对降水的预报能力就很差，很可能释用效果也不会太显著。譬如说，模式没有预报出某次降水过程是由于其对高空形势场错误预报所致，那么在这种错误前提下，Q^*VIP 将极有可能显得无能为力，因为它不是改变而是基于模式预报输出的高空气象要素，是通过对它们进行 Q^*VIP 技术处理而得到一个 QPF 场，而这个 Q^*VIP QPF 显然与高空形势场密切相关。通过前文表 13.1 也可以看出，随着 MM5 模式预报时效的延长，Q^*VIP QPF 的 TS 评分在逐渐下降，这反映出随着预报时效延长模式预报能力(包括对高空气象要素预报能力)下降，从而致使释用效果降低。

13.4.2 求解 ω 方程过程中的下边界问题

用松弛法迭代求解以湿 Q 矢量散度为强迫项的 ω 方程而直接得到垂直运动场，再结合水汽条件进行降水量计算，得到 Q^*VIP 降水场，这是对 Q 矢量释用研究工作的一个新发展。在研究 Q^*VIP 技术过程中，将下边界定为 1000 hPa 且假定垂直速度为 0，这显然没有考虑地形抬升和地表摩擦作用。对于垂直运动场产生来讲，大气强迫作用是重要因子，而地形抬升和地表摩擦作用也是很重要的因子。在下边界处理过程中没有考虑地形抬升和地表摩擦作用，这可能会影响地形抬升和地表摩擦作用明显地区的可降水量计算。如果考虑了地形抬升和地表摩擦作用，这种状况也许会得到改善。当然，这也仅仅是一种推测，因为降水是个非常复杂的物理过程，对于同一次降水过程来讲，可能不同地方地形抬升和地表摩擦作用对当地的降水贡献不同，以及每个地方天气因子和地形因子的相对贡献也可能不同；对于同一地方的不同降水过程来讲，地形抬升和地表摩擦作用的贡献可能也不同。但不可否认，考虑到地形抬升和地表摩擦作用是非常必要的，这也正是 Q^*VIP 技术需要进一步完善的地方。

最后需要指出的是，所建立的 Q^*VIP 技术并不局限于某种数值预报模式产品，对任一包括温度、风场以及比湿三大气象要素的模式预报输出产品都具有释用能力，同一模式的更新换代以及不同模式之间的差异等等客观因素并不影响 Q^* *VIP* 技术的正常应用，只需根据模式分辨率对相关计算因子做出适当调整即可，所得 Q^* *VIP* QPF 场独立于模式 QPF 场，但与模式 QPF 场具有相同的时空分辨率，因此 Q^* *VIP* 技术在 QPF 中具有广泛的应用前景。当然，Q^* *VIP* 技术的使用效果与数值预报模式对温度、风场以及比湿三大气象要素的预报能力密切相关。

在 2005 年汛期期间，完成了对 Q^* *VIP* 技术的业务试运行调试工作，华东 6 省 1 市降水 TS 评分结果表明，对有无降水及小雨的预报能力有了很大提高，但对 10 mm/24h 以上降水的预报能力改进不明显。2009 年汛期前，基于华东区域中尺度模式系统（基于 WRF 模式）产品，对 Q^* *VIP* 技术作了进一步改进与完善，不仅使用改进的湿 *Q* 矢量，同时也考虑了地形作用。2009 年汛期 Q^* *VIP* 技术已投入业务运行，至今，业务运行效果良好。

展　望

自 Q 矢量及其分析方法提出至今的三十余年里，由准地转 Q 矢量、广义 Q 矢量、Q 矢量分解、C 矢量、半地转 Q 矢量、非地转干 Q 矢量、湿 Q 矢量、非地转湿 Q 矢量、完全 Q 矢量、改进后的湿 Q 矢量，发展到非均匀饱和大气中的湿 Q 矢量；从对华北暴雨、梅雨锋暴雨、台风等灾害性天气进行一系列的诊断分析，到可用于业务定量降水预报的湿 Q 矢量释用技术，均表明，Q 矢量分析在科研中得到了不断的完善和发展，取得了一定的成果，在业务工作中得到了广泛的应用。但仍有许多问题值得进一步深入探讨和研究：

(1)Q 矢量诊断分析工作应由定性向定量化发展。由于区域不同、天气类型不同，即使相同类型的天气可能的形成机理与物理特征也各不相同，且使用的 Q 矢量种类也不同，因此得到的结论也不同，并且很多结论来自于个例研究，还很难具有普适性。如何对这些定性的研究成果加以提炼、凝聚，提取出定量化的信息，工作难度非常大。可以讲，定性的诊断分析研究成果很难进一步推动 Q 矢量在天气预报工作中的定量化应用。鉴于这种情况，有必要对灾害性天气类型进行归类统计，对大量天气个例进行诊断分析和总结，找出与天气现象之间存在对应关系的 Q 矢量类型，并得到定量化的判据指标。这将为 Q 矢量与数值预报产品有机结合，从而定量应用于天气预报打下坚实基础。

(2)Q 矢量分析应结合其他物理量场进行综合分析。若分析区域内 Q 矢量的辐合区很多，即使也满足灾害性天气现象的发生指标，一定会有灾害性天气出现吗？单独使用 Q 矢量极易面临此类问题。这时需要与其他物理量结合起来进行综合分析判断，其中尤为重要的是与背景环流中的天气系统结合分析。如基于“与降水对应的 Q 矢量的辐合场基本位于槽前及梅雨锋气旋的中、前方”(岳彩军等，2003)的结论，可首先明确 Q 矢量辐合区中需要重点关注的区域。该研究思路具有一定的借鉴作用。

(3)Q 矢量分析的指示作用和预示作用研究应共同发展。在未来针对 Q 矢量的应用研究工作中，不仅要研究 Q 矢量参数与同时期天气灾害性天气现象之间的对应关系，即为指示作用，同时也要关注前期的 Q 矢量参数与灾害性天气未来发展演变所存在的对应关系，即为预示作用。过去多数研究主要集中在 Q 矢量的指示作用上，令人欣喜的是，Q 矢量的预示作用在一些研究工作中也得到了体现(姚秀萍等，2000)，今后这方面的研究需要更进一步地加强。对预示作用和指示作用共同研究发展，将会使 Q 矢量的应用更为深入和有效，并促进 Q 矢量成为一种真正有效的天气预报辅助工具，在实际业务工作中发挥出积极作用。

(4)进一步加强对 Q 矢量分解方法的应用研究。Q 矢量分解可以揭示出总的 Q 矢量难以揭示的天气过程中的潜在物理机制。分解后的 Q 矢量具有不同的物理意义，同时天气现象的发生、演变也是多种尺度相互作用的结果，因此不同的 Q 矢量分量在天气过程的不同阶段可能扮演的角色不同，这也意味着，Q 矢量分解对天气现象的发生、天气过程的突变、转折等，比总的 Q 矢量可能更具有指示性。进一步加强 Q 矢量分解的应用研究将具有重要的科学意义。岳彩军等(2007b)及岳彩军(2008)已给出了 Q 矢量分解在 p 坐标系中的计算表达式及详细推导过程。

(5)进一步完善湿 Q 矢量释用技术研发。湿 Q 矢量释用(Q^*VIP)技术使得 Q 矢量在降水预报中的应用由定性转为定量，从本质上推动 Q 矢量释用研究向前迈进了坚实一步。但要想使 Q^*VIP 技术真正投入业务使用，还有不少方面需要今后进一步改进和完善，如目前 Q^*VIP 技术中对地形因子(地形抬升和地表摩擦作用)与大气因子(改进的湿 Q 矢量)之间的作用仅考虑为线性关系，二者之间的非线性关系如何描述，值得进一步深入探讨。

(6)由二维 Q 矢量向三维 Q 矢量即 C 矢量发展。早在 1992 年，Xu(1992)提出了 C 矢量概念。C 矢量是传统二维 Q 矢量概念的三维拓展，具有诸多优越诊断特性，应积极开展 C 矢量分析方法在各种灾害性天气诊断分析及预报工作中的应用研究。

参考文献

白乐生．1988．准地转 *Q* 矢量分析及其在短期天气预报中的作用．气象，**14**(8)：25-33.

丁一汇．1989．天气动力学中的诊断分析方法．北京：科学出版社，92-94.

高守亭．2007．大气中尺度运动的动力学基础及预报方法．北京：气象出版社，191-200.

李柏，李国杰．1997．半地转 *Q* 矢量及其在梅雨锋暴雨研究中的应用．大气科学研究与应用，**12**(1)：31-38.

梁琳琳，寿绍文，苗春生．2008．应用湿 *Q* 矢量分解理论诊断分析"05.7"梅雨锋暴雨．南京气象学院学报，**31**(2)：167-175.

林本达．1987．大气中垂直环流的成因和诊断．北方天气文集(6)．北京：北京大学出版社.

刘汉华，寿绍文，周军．2007．非地转湿 *Q* 矢量的改进及其应用．南京气象学院学报，**30**(1)：86-93.

刘志雄，岳彩军，寿绍文，等．2003．应用湿 *Q* 矢量诊断梅雨锋暴雨．南京气象学院学报，**26**(1)：102-110.

缪锦海．1996．广义 *C* 矢量和中尺度环流．暴雨科学、业务试验和天气动力学理论的研究，85-906-08 课题组，北京：气象出版社，235-237.

彭春华，洪国平，胡伯威．1999．一种适用中国夏季暴雨系统诊断的非地转 *Q* 矢量 ω 方程．气象学报，**57**(4)：483-492.

寿绍文．2003．中尺度气象学．北京：气象出版社.

杨晓霞，沈桐立，刘还珠，等．2006．非地转湿 *Q* 矢量分解在暴雨分析中的应用．高原气象，**25**(3)：464-475.

姚秀萍，于玉斌．2000．非地转湿 *Q* 矢量及其在华北特大台风暴雨中的应用．气象学报，**58**(4)：436-446.

姚秀萍，于玉斌．2001．完全 *Q* 矢量的引入及其诊断分析．高原气象，**20**(2)：208-213.

姚秀萍．2005．*Q* 矢量及其应用．中国气象局培训中心讲义.

岳彩军，曹钰，寿绍文．2010a．*Q* 矢量研究进展．暴雨灾害，**29**(4)：297-306.

岳彩军，董美莹，寿绍文，等．2007b．改进的湿 *Q* 矢量分析方法及梅雨锋暴雨形成机制．高原气象，**26**(1)：165-175.

岳彩军，寿绍文，董美莹．2003c．定量分析几种 *Q* 矢量．应用气象学报，**14**(1)：39-48.

岳彩军，寿绍文，姚秀萍．2003b．梅雨锋暴雨的 *Q* 矢量定性分析．气象科学，**23**(1)：55-63.

岳彩军，寿绍文，姚秀萍．2008a．21 世纪 *Q* 矢量在中国多种灾害性天气中应用研究的进展．热带气象学报，**24**(5)：557-563.

岳彩军，寿绍文，曾刚，等．2008c．"海棠"(Haitang)台风降水非对称分布成因初步研究．高原气象，**27**(6)：1333-1342.

岳彩军，寿绍文，曾刚，等．2010b．"海棠"台风(2005)雨强差异成因分析．气象科学，**30**(1)：1-7.

岳彩军，寿绍文．1999．*Q* 矢量理论及其应用研究的进展．气象教育与科技，**21**(2)：24-34.

岳彩军，寿绍文．2002b．湿 *Q* 矢量散度场与 ω 场的比较．南京气象学院学报，**25**(3)：420-424.

岳彩军，寿绍文．2002a．几种 *Q* 矢量的比较．南京气象学院学报，**25**(4)：525-532.

岳彩军，寿亦萱，寿绍文，等．2003a．*Q* 矢量的改进与完善，热带气象学报，**19**(3)：308-316.

岳彩军，寿亦萱，寿绍文，等．2008b．各非地转 *Q* 矢量之间的定量比较．高原气象，**27**(3)：608-618.

岳彩军，寿亦萱，寿绍文，等．2007a．湿 *Q* 矢量释用技术及其在定量降水预报中的应用研究．应用气象学报，**18**(5)：666-675.

岳彩军，寿亦萱，姚秀萍，等. 2005. 中国 *Q* 矢量分析方法的应用与研究. 高原气象，**24**(3)：450-455.

岳彩军. 2008. 梅雨锋气旋暴雨的 *Q* 矢量分析：个例研究. 气象学报，**66**(1)：35-49.

岳彩军. 2009a. "海棠"台风(2005)结构对其降水影响的 *Q* 矢量分解研究. 高原气象，**28**(6)：1348-1364.

岳彩军. 2009b. "海棠"台风降水非对称分布特征成因的定量分析. 大气科学，**33**(1)：51-70.

岳彩军. 2010. 结合"海棠"台风(2005)定量分析非绝热加热对湿 *Q* 矢量诊断能力的影响. 气象学报，**68**(1)：59-69.

岳彩军. 1999. *Q* 矢量及其在天气诊断分析中应用研究的进展. 气象，**25**(11)：3-8.

张兴旺. 1998a. 湿 *Q* 矢量表达式及其应用. 气象，**24**(8)：3-7.

张兴旺. 1998b. *Q* 矢量分析. 天气预报技术的若干进展. 柳崇健主编，北京：气象出版社，252-281.

张兴旺. 1999. 修改的 *Q* 矢量表达式及其应用. 热带气象学报，**15**(2)：162-167.

赵桂香，程麟生. 2006. 2001 年 7 月山西中部一次罕见暴雨过程的诊断分析. 高原气象，**25**(6)：1083-1091.

Barnes S L, B R Colman. 1993. Quasigeostrophic diagnosis of cyclogenesis associated with a cut off extra tropical cyclone: The Christmas 1987 storm. *Mon. Wea. Rev.*, **121**(6): 1613-1634.

Barnes S L, B R Colman. 1994. Diagnosing an operational numerical model using *Q*-vector and potential vorticity concepts. *Wea. Forecasting*, **9**: 85-102.

Davies-Jones R. 1991. The frontogenetical forcing of secondary circulations, Part I: The duality and generalization of the *Q* vector. *J. Atmos. Sci.*, **48**(4): 497-509.

Donnadille J, Cammas J P, Mascart P, *et al*. 2001. FASTEX IOP 18: A very deep tropopause fold. II: Quasi-geostrophic omega diagnoses. *Quart. J. Roy. Metor. Soc.*, **127**(577): 2269-2286.

Dunn L B. 1991. Evaluation of vertical motion: Past, Present, and Future. *Wea. Forecasting*, **6**(1): 65-73.

Durran D R, Snellman L W. 1987. The diagnosis of synopticscale vertical motion in an operational environment. *Wea. Forecasting*, **2**(1): 17-31.

Dutton J A. 1976. *The ceaseless wind*. McGraw-Hill, 579pp.

Gao S, Wang X, Zhou Y. 2004. Generation of generalized moist potential vorticity in a frictionless and moist adiabatic flow. *Geophys Res. Lett.*, **31**(L12113): 1-4.

Grumm R H, Siebers A L. 1988. Operational *Q*-vector analyis for heavy precipitation forecasting. *Eighth conference on numerical weather prediction*. Feb. 22-26, Baltimore, Maryland, AMS, J119-J124.

Hoskins B J, Dagbici I, Darics H C. 1978. A new look at the ω-equation. *Quart. J. Roy. Meteor. Soc.*, **104**(439): 31-38.

Hoskins B J. 1975. The geostrophic momentum approximation and the semigeostropic equations. *J. Atmos. Sci.*, **32**: 233-242.

Jusem J C, Atlas R. 1998. Diagnostic evaluation of vertical motion forcing mechanism by using *Q*-vector partitioning. *Mon. Wea. Rev.*, **126**(8): 2166-2184.

Keyser D, Reeder M J, Reed R J. 1988. A generalization of Petterssen's frontogenesis function and its relation to the forcing of vertical motion. *Mon. Wea. Rev.*, **116**(3-4): 762-780.

Keyser D, Schmidt B D, Duffy D G. 1992. Quasi-geostrophic vertical motions diagnosed from along- and cross-isentrope components of the *Q* vector. *Mon. Wea. Rev.*, **120**(5): 731-741.

Kuo H L. 1965. On the formation and intensification of tropical cyclones through latent heat release by cumulus convection. *J. Atmos. Sci.*, **22**(1): 40-63.

Kuo H L. 1974. Further studies of the parameterization of the influence of cumulus convection on large-scale flow. *J. Atmos. Sci.*, **31**(5): 1232-1240.

Kurz M. 1992. Synoptic diagnosis of frontogenetic and cyclogenetic processes. *Meteor. Atmos. Phys.*, **48**(1): 77-91.

Maddox R A. 1980. An objective technique for Separating macroscale and mesoscale features in meteorological data. *Mon. Wea. Rev.*, **108**: 1108-1121.

Martin J E. 1999a. Quasi-geostrophic forcing of ascent in the occluded sector of cyclones and the trowal airstream. *Mon. Wea. Rev.*, **127**(1): 70-88.

Martin J E. 2006. The role of shearwise and transverse quasigeostrophic vertical motions in the midlatitude cyclone life cycle. *Mon. Wea. Rev.*, **134**(4): 1174-1193.

Martin J E. 2007. Lower-tropospheric height tendencies associated with the shearwise and transverse components of quasigeostrpphic vertical motion. *Mon. Wea. Rev.*, **135**(7): 2803-2809.

Martin J E. 1999b. The separate roles of geostrophic vorticity and deformation in the midlatitude occlusion process. *Mon. Wea. Rev.*, **127**(10): 2404-2418.

Morgan M C. 1999. Using piecewise potential vorticity inversion to diagnose frontogenesis. Part I: A partitioning of the *Q* vector applied to diagnosing surface frontogenesis and vertical motion. *Mon. Wea. Rev.*, **127**(12): 2796-2821.

Pyle M E, Keyser D, Bosart L F. 2004. A diagnostic study of jet streaks: Kinematic signatures and relationship to coherent tropopause disturbances. *Mon. Wea. Rev.*, **132**(1): 297-319.

Schar C, Wernli H. 1993. Structure and evolution of an isolated semi-geostrophic cyclone. *Quart. J. Roy. Meteor. Soc.*, **119**(509): 57-90.

Sutcliffe R C. 1947. A contribution to the problem of development. *Qurt. J. Roy. Meteor. Soc.*, **73**(317): 370-383.

Thomas B C, Martin J E. 2007. A synoptic climatology and composite analysis of the Alberta Clipper. *Wea. Forecasting*, **22**(2): 315-333.

Trenberth K E. 1978. On the iterpretation of the diagnostic quasi-geostropic omega equation. *Mon. Wea. Rev.*, **106**(1): 131-137.

Xu Q. 1992. Ageostrophic pseudovorticity and geostrophic *C*-vector forcing—a new look at *Q* vector in three dimensions. *J. Atmos. Sci.*, **49**(12): 981-990.

Yang S, Gao S, Wang D. 2007. Diagnostic analyses of the ageostrophic *Q* vector in the non-uniformly saturated, frictionless, and moist adiabatic flow. *J. Geophys. Res.*, **112**(D09114): 1-9.

Yao X, Yu Y, Shou S. 2004. Diagnostic analyses and application of the moist ageostrophic *Q* vector. *Adv. Atmos. Sci.*, **21**(1): 96-102.

Yue C, Shou S, Lin K, *et al*. 2003. Diagnosis of the heavy rain near a Meiyu front using the wet *Q* vector partitioning method. *Adv. Atmos. Sci.*, **20**(1): 37-44.

Yue C, Shou S. 2008. A modified moist ageostrophic *Q* vector. *Adv. Atmos. Sci.*, **25**(6): 1053-1061.

Yue C. 2009b. Quantitative analysis of torrential rainfall associated with typhoon landfall: A case study of typhoon Haitang (2005). *Progress in Natural Science*, **19**(1): 55-63.

Yue C. 2009a. *Q* vector analysis of the torrential rainfall from Meiyu Front cyclone: A case study. *Acta. Meteorologica Sinica*, **23**(1): 68-80.

附录

本书所用符号及其代表意义一览表

符号(或者公式)	代表意义
α	比容
Φ	重力位势
σ	静力稳定度参数
θ	位温
θ_0	常值的参考温度
ω	P 坐标系中的铅直速度
β	$\equiv \frac{\mathrm{d}f}{\mathrm{d}y}$，科里奥利(地转)参数随纬度的变化
ρ	密度
$\boldsymbol{\zeta}$	三维涡度
ζ_g	地转风相对涡度
γ_m	湿绝热递减率
c_p	干空气比定压热容
e_s	饱和水汽压
f_0	地转近似的 f 常数
f	科里奥利(地转)参数
g	重力加速度
$\boldsymbol{i}$	x 方向单位矢量
$\boldsymbol{j}$	y 方向单位矢量
$\boldsymbol{k}$	z 方向单位矢量
$\boldsymbol{n}$	与轨迹正交方向上的单位矢量，曲面的外法线方向上的单位矢量，沿位温升度方向上的单位向量，与局地等高线正交的单位矢量
p_0	1000 hPa

续表

符号(或者公式)	代表意义
p	气压
q_s	饱和比湿
q	比湿
$\boldsymbol{s}$	沿轨迹方向上的单位矢量,沿等位温线方向上的单位向量
$\boldsymbol{t}$	与局地等高线平行的单位矢量
t	时间
u	x 方向速度分量(向东)
v	y 方向速度分量(向北)
w	z 方向速度分量
u_g	地转风 x 方向速度分量
v_g	地转风 y 方向速度分量
u_a	地转偏差 x 方向速度分量
v_a	地转偏差 y 方向速度分量
$\boldsymbol{A}$	任意矢量
$\boldsymbol{A}_{\mathrm{H}}$	任意三维向量的水平矢量
$\boldsymbol{A}_x$	任意矢量的 x 方向分量
$\boldsymbol{A}_y$	任意矢量的 y 方向分量
$\boldsymbol{A}_U$	高层任意矢量
$\boldsymbol{A}_L$	低层任意矢量
$\boldsymbol{G}$	矩阵,$\begin{pmatrix} \frac{\partial u}{\partial x} & \frac{\partial v}{\partial x} & \frac{\partial w}{\partial x} \\ \frac{\partial u}{\partial y} & \frac{\partial v}{\partial y} & \frac{\partial w}{\partial y} \\ \frac{\partial u}{\partial z} & \frac{\partial v}{\partial z} & \frac{\partial w}{\partial z} \end{pmatrix}$
$\boldsymbol{G}_H$	矩阵,$\begin{pmatrix} \frac{\partial u}{\partial x} & \frac{\partial v}{\partial x} \\ \frac{\partial u}{\partial y} & \frac{\partial v}{\partial y} \end{pmatrix}$
H_C	对流降水加热率
H_L	大尺度潜热加热率
$J(\alpha,\beta)$	雅可比算子,$\frac{\partial \alpha}{\partial x}\frac{\partial \beta}{\partial y}-\frac{\partial \beta}{\partial x}\frac{\partial \alpha}{\partial y}$
L_x	x 方向上的波长
L_y	y 方向上的波长

续表

符号(或者公式)	代表意义
L	水平长度尺度,凝结潜热
R	干空气比气体常数
Ro	罗斯贝数,$\equiv U/(fL)$
$\boldsymbol{R}^*$	水平涡旋伸展向量
$\boldsymbol{S}^*$	锋生矢量
T	温度
T_v	虚温
U	水平速度尺度
$\boldsymbol{V}_g$	水平方向地转风速度矢量
$\boldsymbol{V}$	水平速度矢量
$\boldsymbol{V}_a$	水平非地转风矢量
∇_H	水平梯度
$\boldsymbol{Q}$	准地转 $\boldsymbol{Q}$ 矢量
$\boldsymbol{Q}^H$	半地转 $\boldsymbol{Q}$ 矢量
$\boldsymbol{Q}^B$	广义 $\boldsymbol{Q}$ 矢量
$\boldsymbol{Q}^G$	非地转干 $\boldsymbol{Q}$ 矢量
$\boldsymbol{Q}^N$	非地转干 $\boldsymbol{Q}$ 矢量(另外一种形式)
$\boldsymbol{Q}^*$	非地转湿 $\boldsymbol{Q}$ 矢量
$\boldsymbol{Q}^M$	非地转湿 $\boldsymbol{Q}$ 矢量(考虑对流凝结)
$\boldsymbol{Q}^q$	非地转湿 $\boldsymbol{Q}$ 矢量(包含所有加热)
$\boldsymbol{Q}^{\&}$	非地转湿 $\boldsymbol{Q}$ 矢量(另外一种形式)
$\boldsymbol{Q}^P$	一层非地转 $\boldsymbol{Q}$ 矢量
$\boldsymbol{Q}^*\ VIP$	湿 $\boldsymbol{Q}$ 矢量释用
$\boldsymbol{Q}_{um}$	非均匀饱和大气中的非地转湿 $\boldsymbol{Q}$ 矢量
$\boldsymbol{C}$	$\boldsymbol{C}$ 矢量
$\boldsymbol{C}^*$	广义 $\boldsymbol{C}$ 矢量